LA FERME DES ROSIERS

IMPRIMERIE J. DEVEY
RUE DES TRIBUNAUX
4
SAINT-OMER

LA

FERME DES ROSIERS

PAR

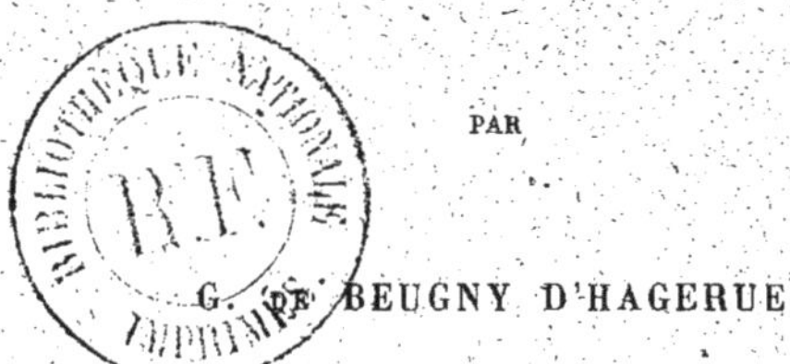

G. DE BEUGNY D'HAGERUE

———

SAINT-OMER

TYP. ET LITH. J. DEVEY, RUE DES TRIBUNAUX, 4

—

1875

LA
FERME DES ROSIERS

PREMIÈRE PARTIE

LE CRIME

I

LA DERNIÈRE GERBE

C'était au mois d'août 1869 ; un lourd chariot, chargé de gerbes de blé et traîné par quatre vigoureux chevaux de notre excellente race boulonnaise, entrait dans la cour de la ferme des Rosiers, située près du village de Brettigny, sur les confins de l'Artois et de la Picardie. Le conducteur, bravement assis sur son *porteur*, faisait bruyamment retentir les claquements de son fouet.

— Allons donc ! lui dit un ouvrier qui, posté au milieu de la cour, paraissait l'attendre, allons donc ! Pierre, j'ai cru que tu n'arriverais jamais. Dépêchons ! le maître va rentrer dans un instant, il faut qu'il trouve la besogne finie.

— Est-ce que tu crois que nous avons dormi ? répondit le charretier ; tu ne vois pas que j'ai deux *lits* de plus que les autres fois ? C'est que nous avons voulu enlever tout ce qui restait d'un seul coup. François arrive derrière moi avec la dernière voiture ; quand je suis parti du champ, elle était à demi chargée ; et Mathurine, la fille à Jean-Marie, était occupée à parer le mai.

— Eh quoi ! Déjà la dernière ! allons-y gaiement alors, les enfants ! s'écrie le garçon de ferme.

Ce disant, il s'élança au haut du chariot que Pierre venait de faire entrer dans la grange ; et, armé d'une longue fourche aux dents aiguës et légèrement recourbées, il commença le déchargement.

C'était une maîtresse ferme que celle des Rosiers, un bien patrimonial habité de père en fils depuis plusieurs siècles par la famille des Lefort. Les Lefort étaient plus riches que bien des propriétaires qui louent leurs terres et vivent de leurs revenus. S'ils l'avaient voulu, ils eussent pu se retirer dans une ville du voisinage, et devenir de gros bourgeois ; ils eussent pu aussi, comme nous en avons tant d'exemples, même parmi les austères républicains, jouer au petit seigneur, et se faire appeler Lefort des Rosiers. Mais pourquoi changer ? De père en fils, ils avaient cultivé leurs biens eux-mêmes, de père en fils ils avaient joui d'une considération méritée par leur droiture et leur charité, de père en fils enfin ils avaient été heureux dans la ferme et ils avaient eu le bon esprit de ne pas abandonner le bonheur certain pour une félicité douteuse.

La ferme des Rosiers est un vaste quadrilatère de bâtiments, entouré de toutes parts d'un large et profond fossé, nommé le *vivier*, et bordé lui-même, du côté extérieur, par une double rangée de saules étêtés.

On y arrive par un pont construit en briques, qui conduit à une lourde et massive porte charretière, encadrée dans une maçonnerie composée de deux énormes pilliers construits en talus et couronnés par une arcade surbaissée.

Quand on a franchi cette porte, on a devant soi un corps de
logis à étage et à pignons en escalier.

L'entrée de ce bâtiment est encadrée par deux immenses
rosiers, dont les tiges capricieuses cachent une partie de la
façade ; ces deux arbrisseaux qui ont donné leur nom à la
ferme, sont presque aussi vieux qu'elle, et cependant, chaque été, ils se couvrent encore de mille fleurs qui charment
autant par l'éclat de leurs couleurs que par la finesse de
leurs parfums.

On pénètre dans l'habitation par une vaste salle appelée
la maison ; c'est là que le fermier vit avec sa famille et ses
domestiques, c'est là qu'on reçoit les visiteurs, et qu'on prépare les repas, c'est là enfin que maîtres et ouvriers mangent
à la même table, le salon ne servant que pour les hôtes de
distinction, ou pour les réunions de famille aux jours de
grandes fêtes.

En face de la porte, nous apercevons un immense buffet
surmonté d'un dressoir rempli de plats et de vases d'étain
ou de porcelaine, et fermé par deux portes à vitres ; à côté
du buffet la veille horloge à poids, renfermée dans sa caisse ;
puis, la cage en bois de l'escalier qui conduit à l'étage et
aux greniers ; à notre gauche, la vaste cheminée sous laquelle sont le fauteuil de maître, et la chaise de la maîtresse ;
la crémaillère, les chenets et toutes les ferrures brillent
comme de l'acier poli. Au-dessus de la cheminée, entourée
d'un chambranle aux larges moulures, et garnie de son
voile soigneusement plissé, sont rangées d'antiques faïences ;
plus haut, des crochets soutiennent quatre fusils.

Tout cela noirci par le temps, mais éclatant de propreté,
tout cela simple, mais taillé en plein cœur de chêne, tout
cela venant des ancêtres et devant retourner aux enfants.

A côté de la cheminée, une porte donne accès au salon ;
en face se trouvent des chambres à coucher, et la laiterie
avec toutes ses dépendances.

A droite de l'habitation, viennent les écuries pouvant contenir quinze chevaux, et les étables renfermant une tren-

taine de vaches, superbes échantillons de la belle race picarde. En face des écuries, des bergeries pour trois cents moutons ; et enfin, sur le quatrième côté de la cour, s'élève une magnifique grange ; on peut, dit-on, y entasser facilement soixante mille gerbes ; c'est la plus belle à bien des lieues à la ronde, et dans le pays, quand on veut dépeindre quelque chose d'immense, on dit : « Grand comme la grange des Rosiers. »

La cour est peuplée d'innombrables volailles, pigeons, poules, poulets, dindons, picorant de ci de là dans le fumier, ou se chauffant douillettement au soleil, pendant que les canards barbottent dans la mare qui sert d'abreuvoir, et font étinceler leur plumage aux couleurs éclatantes.

Cependant François venait d'arriver avec la dernière voiture ; elle était surmontée d'une immense branche de verdure ornée de tout espèce de fleurs et de rubans ; un robuste ouvrier, debout sur ce char de triomphe pacifique, la maintenait droite, pendant que dix ou douze compagnes et compagnons, pittoresquement groupés autour de lui, célébraient en criant à tue-tête l'arrivée de la dernière gerbe.

— Maître Jules est-il rentré ? fut la première question de François, quand il put se faire entendre au milieu du vacarme assourdissant que faisaient les moissonneurs, et auquel se mêlaient les aboiements des chiens et les cris de la volaille effrayée de ce concert inaccoutumé.

— Pas encore, répondit un ouvrier, mais il ne peut pas tarder. Tiens ! voilà la dame qui regarde du côté de la route, elle l'attend, elle sait qu'il n'est pas loin.

— Elle pourrait bien nous apporter à boire, au moins. Moi, j'ai diantrement soif, fit une fillette de dix-sept ans, à l'œil éveillé, aux joues rouges comme une cerise.

— Patience, patience, Louise, répondit François, tu vois bien que la dame attend le maître, et qu'elle ne voudrait pas lui ôter le plaisir de nous régaler aujourd'hui.

— Patience, c'est bon à dire ; en attendant, j'ai le gosier plus sec que la semelle de mes souliers. Mais elle, elle ne travaille pas, elle n'a pas de mal, et elle ne pense pas aux autres.

— Louise, reprit François, ce n'est pas bien ce que tu dis là, tu sais au contraire que madame Lefort est aussi bonne et aussi généreuse que son mari, et ce n'est pas peu dire.

— Tiens ! avec l'argent des autres, c'est pas malin !

— Louise, tu es une vraie mauvaise langue. Possible que not'dame, quand elle s'est mariée avec M. Lefort, n'était pas aussi riche que lui, mais, avant son mariage comme après, elle a toujours été bonne au pauvre monde. Tu en sais bien quelque chose, toi ; et je parie que tu portes plus d'une pièce qui n'a pas été payée avec des écus venant de ta bourse.

Louise baissa les yeux, rougit, et ne répondit rien, mais un des moissonneurs ajouta :

— C'est peut-être bien M. André qui t'apprend à dire du mal de not'maîtresse, on sait qu'il ne te déplaît pas, mais si tu crois l'épouser, fillette, nenni ; c'est pas pour toi cet oiseau-là. Du reste, va, tu n'y perdras pas grand'chose, c'est un sans cœur, un rien qui vaille, qui fera mourir de chagrin sa pauvre sœur.

— Je ne sais pas ce que vous avez tous contre M. André, reprit Louise, qu'est-ce qu'il vous a fait ?

— Qu'est-ce qu'il nous a fait ? mais tu ne vois donc pas clair ? bien sûr que tu as été enjôlée, on le voit bien. Mais tu ne sais donc pas la vie qu'il mène ? Oh ! moi, si je m'appelais Jules Lefort, il y a longtemps que je l'aurais pris par les deux épaules, et que je lui aurais signifié qu'il n'a plus à mettre les pieds aux Rosiers ; je ne suis qu'un pauvre homme, mais je te garantis que je ne souffrirais pas chez moi tout ce qui se passe ici.

La conversation eût peut-être duré encore un certain temps sur ce ton, mais le roulement d'une voiture qui entrait dans la cour l'arrêta subitement.

Voilà le maître, dirent les ouvriers.

En effet, un homme d'une quarantaine d'années descendait d'une carriole. Un large feutre noir lui couvrait la tête ;

sa mise, qui était celle de tous les bons fermiers de nos pays, se composait de vêtements de drap semblables ou à peu près à ceux que nous portons tous, mais par-dessus lesquels il portait l'antique surtout des campagnes, la blouse de toile bleue ornée de broderies blanches.

C'était un homme de haute taille, aux larges épaules, aux membres vigoureux, au visage fortement coloré, comme celui de toutes les personnes vivant habituellement au grand air. Deux grands yeux bleus tout à la fois intelligents et doux, un nez fortement accentué, et une bouche fine et souriante, le tout encadré de deux épais favoris chatains, tel était le portrait de M. Jules Lefort.

Il avait à peine mis pied à terre que François avait déjà saisi la bride du cheval, et, le flattant de la main :

— Hé bien ! not'maître, dit-il, et Francluron a-t-il été sage ?

— Mais oui, François, il commence à aller bien.

— Oh ! le franc luron qu'il est ! m'a-t-il donné du fil à retordre, quand j'ai commencé à l'atteler ! Mais c'est égal, not'maître, il n'y en a pas deux comme celui-là à dix lieues à la ronde.

— Oui, tu t'y connais, c'est un rude cheval. Les premières fois que je l'ai mis à ma voiture, il m'a bien fait quelques petits tours, mais maintenant le voilà sage comme une petite fille. Eh ! Francluron ! dit-il en passant doucement la main sur l'encolure du cheval, qui lui répondit par une courbette.

— Là, là, mon garçon, sois sage. Dételle vite, François, et donne-lui un bon tour de bras, il s'est réchauffé un peu plus que je n'aurais voulu ; mais j'étais pressé de revenir, le temps n'est pas sûr, et il faut nous hâter de finir la rentrée de nos blés.

— Hé ! vous autres, il ne s'agit pas de vous amuser à regarder en l'air. A quoi en sommes-nous ?

— Voyez, not'maître, lui répondit un des moissonneurs en lui montrant le mai planté au milieu de la cour.

— Ah! bah! c'est fini! Allons, tant mieux, vous êtes de braves gens. Maintenant, il faut boire un coup. Comment cela se fait-il qu'on ne vous ait pas encore apporté de cidre?

— Nous vous attendions, not'maître.

— C'est bien, mes enfants, vous n'y aurez rien perdu.

En disant ces mots, il entrait dans la grande salle du rez-de-chaussée.

— Bonjour, Céline, dit-il à une jeune femme qui, en l'apercevant, lui sauta au cou, comment vas-tu? et le p'tiot?

— Merci, Jules, je vais très bien et le petit aussi, il dort ; tiens, regarde, dit-elle en ouvrant délicatement les rideaux d'un berceau d'une éclatante blancheur ; vois, si l'on ne dirait pas un ange du bon Dieu.

Le père plongea le regard dans l'intérieur du petit lit, et, apercevant les joues roses du poupon, il le contempla un instant avec un sourire d'ineffable bonheur ; puis refermant le rideau :

— Allons, dit-il, fais-le porter dans le salon, parce qu'il s'agit de régaler mes ouvriers, la moisson est finie, et maintenant il faut qu'on s'amuse. Catherine et Pierre, allez nous tirer du cidre, et toi, Céline, fais-nous faire une omelette, mais là, une vraie omelette. Que tout le monde en mange son *content*, et qu'il en reste encore.

A cette annonce, les figures rubicondes de tous ces rudes travailleurs s'étaient illuminées. Oh! c'est qu'une omelette c'est un régal que l'on n'a pas tous les jours ! une omelette ! Après la tarte et le gâteau qu'on ne mange qu'une fois l'an à la fête du pays, à la *ducasse*, l'omelette, c'est le plat le plus succulent qu'on connaisse. Une omelette ! et du cidre pour l'arroser ! du cidre tant qu'on en veut ! voilà un festin de roi, ou il n'en existe pas.

Aussitôt donc chacun est à la besogne ; une servante apporte la grande soupière brune dans laquelle on doit casser les œufs, une autre apprête la poêle, *Zande* Lalou va quérir le bois, et *Tin* Maquet dispose la table ; la grande table de bois-blanc, peinte en vert, entourée de longs bancs en planches de chêne ; il range les assiettes et les verres ; puis, les fourchettes viennent prendre leur rang de bataille, pendant que Pierre place au centre deux énormes brocs aux flancs rebondis, remplis d'un cidre généreux dont la mousse impatiente s'élève, et retombe sur la table comme une avalanche de neige.

Bientôt la flamme du foyer commence à s'élever. Madame Lefort et ses deux servantes, Toinette et Catherine, commencent le grand œuvre ; quand le beurre est fondu dans la poêle, on y jette les œufs, un crépitement de bon augure se fait entendre, en même temps qu'un agréable parfum se répandant dans la salle fait dilater les narines.

— A table ! s'écrie madame Lefort.

Chacun se hâte d'obéir ; le maître, prenant sa place au haut bout, donne le signal de l'attaque en se servant une large portion de l'omelette fumante, et, à tour de rôle, chaque moissonneur reçoit sa part. Madame Lefort se partage avec les servantes la besogne de servir tout le monde ; entre temps, Toinette et Catherine, qui ont leurs assiettes sur le coin du bahut, prennent leur repas un peu par ci, un peu par là, quand on leur laisse un moment de repos.

Cependant les pots de cidre se succèdent ; les convives, qui s'étaient d'abord abstenus de faire du bruit pour ne pas éveiller l'enfant, s'émancipent peu à peu ; le cidre aidant, les voix deviennent plus fortes, les éclats de rire plus bruyants. Bientôt arrivent les chansons ; chacun doit donner la sienne. Oh ! la bonne gaieté que celle du travailleur, surtout du travailleur des champs, qui, sa tâche terminée, ne songe plus à rien qu'à s'amuser ; il s'amuse pour s'amuser, il rit pour avoir le bonheur de rire...

Et allez-y-donc.

Baptiste, à toi la balle, — à toi, Christine, — à toi, *Zande*, — à toi, François ! — Il n'y a pas à dire, il faut que tout le monde y passe, personne n'a le droit de refuser son couplet ; tout le monde chante le refrain, et, quand l'air va bien, on le répète deux fois, — et un verre de cidre, à la santé de

not'maître, à la santé de madame et du p'tiot ; — et à toi,
Tin Maquet ! et *Tin* Maquet entonne *les grands yeux de ma
Sophie.*

— Comme il chante bien *Tin* Maquet ! quelle voix !

— A un autre la balle ! à toi, Pierre ! Tu ne sais pas ;
tant pis pour toi, chante tout de même, et une tournée de
cidre. — Ah ! ah ! ah ! quel plaisir ! quelle joie ! filles et gar-
çons, jeunes et vieux, comme on s'amuse !...

Mais la porte s'ouvre, un homme paraît sur le seuil.

— Il me semble qu'on est en fête ici, dit-il en entrant.

A sa vue, le front de Jules Lefort s'assombrit, toute l'assemblée se retourne, et un silence profond vient subitement
remplacer les éclats de la joie qui tantôt débordaient de
toutes parts.

Madame Lefort s'avance vers le nouvel arrivé.

— Bonjour, mon frère.

— Bonjour, ma sœur, il paraît que je gêne ici, puisque
l'on se tait quand on me voit.

— Non pas, André, quand un nouvel arrivant se présente,
n'est-ce pas l'habitude de faire silence pour le saluer, et lui
laisser le temps de dire bonjour aux gens de la maison ?

— Oui, ma sœur, vous avez toujours une excellente manière d'arranger les choses, mais j'ai vu ce que j'ai vu, je
sais ce que je sais. Tenez, voyez donc le beau-frère, comme
il se presse de me dire d'entrer !

— Je ne vois pas que vous m'ayez demandé la permission
pour le faire, reprit le maître.

— Cela veut-il dire que désormais je ne dois plus me permettre d'entrer chez vous sans votre permission, mon cher
beau-frère ?

— Je n'ai jamais dit cela ; ce que je dis, c'est que si vous
êtes venu dans cette maison avec l'intention de vexer ceux
qui l'habitent, vous eussiez mieux fait de passer votre
chemin.

— Jules, reprit madame Lefort, ne fais pas attention, je
t'en prie, aux paroles d'André ; tu sais bien qu'il ne pense

pas tout ce qu'il dit; et toi, continua-t-elle en s'adressant à son frère, tais-toi, et viens t'asseoir près de moi. Veux-tu manger? veux-tu prendre un verre de cidre avec nous?

— Volontiers; d'abord, je suis enchanté de boire avec les ouvriers, les enfants du peuple, en vrai républicain.

— Oui, dit François à voix basse, si tous les républicains sont de ton espèce, je n'ai pas envie d'être de la paroisse! Mais il me semble que la fête est finie, tout le monde s'en va, je m'en vas aussi.

— Allons, dit André, je bois à ta santé, mon vieux François, et à la République!

— D'abord, moi, je ne bois pas aux gens que je ne connais pas. Qu'est-ce que c'est que votre République?

— La République, c'est le règne des bons citoyens.

— Eh bien! alors, not'maître devrait être plus républicain que vous, parce que, sans vous faire tort...

— Silence, François, dit madame Lefort.

— Allons donc, ma sœur, laissez-le dire; il allait me répéter une des gentillesses qu'il est sans doute habitué à entendre débiter ici sur mon compte.

— Moi, je vas vous dire un mot, dit François, si vous ne parliez pas plus souvent qu'il n'arrive à M. ou Madame Lefort de prononcer seulement votre nom quand vous n'êtes pas là, on ne connaîtrait guère votre voix. Ensuite, comme je ne veux faire de peine à personne ici, et que je n'ai rien d'agréable à vous dire, je m'en vas.

Et, en disant ces mots, il sortit.

Quelques minutes après, il ne restait dans la salle que M. et Madame Lefort avec André.

— Il me semble, André, dit alors Jules, que vous pourriez au moins me dire bonjour quand vous entrez chez moi, et ne pas me chercher querelle devant tout le monde.

— Hé! beau-frère, si je ne me présente pas avec toutes les formes voulues, avouez que vous avez aussi une singulière manière de me recevoir.

— Assez de phrase. Que voulez-vous ? Venez-vous encore
me demander de l'argent?

— Cette fois, non, beau-frère.

— C'est heureux, car je vous préviens que je me fatigue
à la fin.

— Voilà-t-il pas ! pour cinq ou six mille francs que je vous
ai empruntés pour les besoins de mon commerce !

— Sans ceux que vous oubliez.

— C'est possible ; du reste, vous avez mes billets, et il est
facile de faire le compte.

— Quand vous serez en mesure de me payer, mais ce ne
sera pas encore demain.

— Qui sait? En ce moment, les bestiaux augmentent, je
viens de faire un achat considérable, et, si la hausse continue, c'est pour moi un coup de fortune.

— Je vous le souhaite, mais j'ai besoin de faire une visite
à mes écuries, je vous laisse avec votre sœur.

Il était à peine sorti que Céline s'approchant de son frère :

— André, lui dit-elle, tu veux donc me faire mourir de
chagrin ! Toujours tu cherches querelle à mon mari, il a
pourtant été bon pour toi. Depuis que je suis mariée, Jules
ne m'a jamais rien refusé de ce que je lui ai demandé pour
mon frère, et, chaque fois que tu le vois, tu ne peux t'empêcher de lui dire des choses désagréables. Sais-tu qu'à la
fin il perdra patience ? Et prends garde ; car, si Jules est très
bon, quand il se fâche, c'est un homme terrible.

— Crois-tu, par hasard, que j'ai peur de lui ?

— Malheureux ! Peux-tu parler ainsi ? Aie pitié de moi, au
moins ; si tu ne peux te conduire envers lui comme tu le
dois, ne viens plus ici.

— Alors, toi aussi, tu me chasses.

— Non, André, je ne te chasse pas, tu es mon frère, je ne
l'oublierai jamais, mais si tu savais combien il est cruel pour
moi de voir sans cesse se quereller les deux personnes que
j'aime le plus au monde !...

— Qu'est-ce que cela me fait, à moi, ce n'est pas lui que

je viens voir, c'est toi, tu es sa femme, et, par conséquent, tu as ici autant de droits que lui ; s'il n'est pas content, qu'il s'arrange !

— André, je ne puis te dire combien tu fais de peine. Mais, mon Dieu, pourquoi le hais-tu donc mon pauvre Jules ?

— Je ne le hais pas.

— Tu as beau nier, je sais bien que...

— Eh bien ! oui, je le hais, parce que tout lui sourit, pendant qu'à moi rien ne réussit ; je le hais, parce qu'il est heureux et que je suis malheureux ; je le hais, parce qu'il est riche.

— Mon pauvre frère, est-ce la faute de Jules, et n'est-ce pas plutôt la tienne si tu n'es pas heureux ? Tu as eu, comme moi, une part d'héritage qui était plus que suffisante pour vivre honorablement, si tu n'avais pas tout dissipé.

— Oui, parce que je n'ai pas eu de chance, on vient me dire que c'est ma faute ; et lui, parce qu'il réussit, tout ce qu'il fait est bien.

— Voyons André, est-ce que Jules passe, comme toi, les jours et les nuits au cabaret ? Tu as essuyé quelques pertes, c'est vrai, mais Jules n'est-il pas venu à ton secours ?

— Pour me le reprocher chaque fois qu'il me rencontre.

— Ingrat, je ne te dirai plus rien ; je vois que tu es dans un de tes mauvais jours. Tiens, va-t-en ; il va rentrer, et, pour rien au monde, je ne voudrais vous voir quereller de nouveau. Mais, quand tu seras plus calme, quand tu te sentiras mieux disposé, n'oublie pas que, malgré toutes tes mauvaises paroles, tu as ici une sœur qui t'aime toujours.

— Et qui me chasse... c'est bon, je m'en souviendrai.

En disant ces mots, il sortit.

Quand Jules Lefort rentra, il trouva sa femme occupée, comme d'habitude, aux soins du ménage.

— Et André, lui dit-il, il est parti ?... Tu as pleuré, Céline, c'est André qui t'a fait pleurer. Le misérable ! Mais il n'a donc pas de cœur ? Décidément, je vais lui interdire une fois pour toutes de passer le seuil de ma porte.

— Jules, ne fais pas cela, je t'en prie, il n'est pas aussi méchant que tu le crois, il a le cœur aigri par le malheur.

— Et par la boisson. Va, ne le défends pas, tu n'as été que trop bonne pour lui, il ne t'en sait aucun gré ; c'est un vaurien. Du reste, laissons cela, et parlons d'autrechose... Tu te rappelles que ton oncle Jérôme, qui est le parrain de l'enfant, nous a fait promettre de lui conduire son filleul. Nous avons toujours remis de jour en jour ; d'abord, notre *Juliot* était trop petit, puis il faisait trop chaud, puis c'était la moisson. Maintenant, toutes ces raisons n'existent plus. Voici les derniers beaux jours, l'oncle Jérôme se fait bien vieux, et qui sait si l'an prochain il sera encore de ce monde ? J'ai donc pensé que nous pourrions aller à Guinchamp lundi prochain. Qu'en dis-tu ?

— N'est-ce pas bien loin pour notre petit Jules ?

— Mais non, il ne fait pas froid, tu l'envelopperas bien, et puis c'est un grand garçon, il va avoir un an.

— Tu sais bien que je consens à tout ce que tu veux ; mais je ne sais pourquoi l'idée de ce voyage m'épouvante, s'il arrivait un accident...

— Allons donc ! sois raisonnable ! Tes craintes ne sont pas sensées. Je sors tous les jours en voiture, il ne m'arrive jamais rien de fâcheux. Pourquoi penser qu'il surviendra quelque accident justement parce que nous aurons notre enfant avec nous ? Et puis, sois tranquille, je prendrai la *grise*, la plus vieille jument de l'écurie, et qui jamais n'a fait la moindre sottise. Tu vois bien qu'il n'y aura aucun danger.

— Enfin, comme tu voudras ; et s'il faut aller à Guinchamp autant lundi qu'un autre jour.

II

AU CABARET.

Le cabaret du *Bon laboureur* est, de tous les établissements du même genre, celui qui est fréquenté par la plus belle société de Brettigny.

Dans la clientèle régulière, figurent trois conseillers municipaux, le garde-champêtre, le meunier, l'épicier, le barbier, le charron, et deux ou trois célébrités du lieu. Le maire lui-même daigne quelquefois l'honorer de sa présence; mais le principal habitué, devant lequel tout le monde s'incline, c'est M. André Thévenot.

Au *Bon laboureur*, André Thévenot est sur son terrain, il est chez lui. Malheur à qui oserait le contredire ! c'est l'oracle, c'est le maître. Il a forcé la cabaretière à cesser son abonnement au petit journal de l'arrondissement, qu'il accusait de réaction, et à s'abonner au *Siècle*. Il est vrai que le petit journal du pays donnait les marchés, avec les prix des grains et des bestiaux, renseignements fort utiles aux cultivateurs ; il donnait même les petites nouvelles locales, annonçait les ventes, publiait les arrêtés de la préfecture ; mais tout cela n'avait que bien peu de valeur auprès de la prose sublime du *Siècle*. Il faut avouer aussi que les bonnes gens de Brettigny, quand ils avaient déchiffré deux ou trois colonnes du grand journal de Paris, n'y avaient vu que du noir sur du blanc ; mais cela n'y faisait rien, M. André avait déclaré que c'était admirable, et les bonnes gens se disaient que cela devait être d'autant plus beau qu'ils n'y comprenaient rien. Quelquefois, M. André daignait lire lui-même à l'honorable assemblée un article virulent contre les curés, les religieuses et toute la clique cléricale ; après cela, entre deux chopes, il leur expliquait comme quoi si l'on chassait une bonne fois les curés, tout irait à merveille ; les récoltes seraient magnifiques, les fermages et les impôts diminués, on ne verrait plus de sécheresses ni d'inondations, plus de grêles, plus d'épizooties ; et les bonnes gens, après l'avoir écouté la bouche ouverte, avalaient tout cela.

Le dimanche qui suivit la journée dont nous venons de raconter les principaux événements, André Thévenot était comme d'habitude au *Bon laboureur* ; il y avait passé la matinée, et, à deux heures, il y rentrait. Les buveurs étaient peu nombreux ; beaucoup d'hommes, même parmi les habitués du cabaret, avaient conservé l'habitude d'aller aux vêpres.

L'auditoire était donc restreint, mais la présence d'un étranger, commis-voyageur en épiceries, lui donnait un relief particulier. André pérorait depuis un certain temps, en s'appuyant toujours du suffrage du jeune marchand de cassonnade, il avait déjà démontré qu'avant 93 les paysans étaient de pauvres idiots, esclaves des nobles et des prêtres.

— Demandez à monsieur, ajouta-t-il, c'est un homme qui voyage, il va dans les grandes villes, il s'y connaît, lui, et vous pouvez le croire.

— Le commis-voyageur s'inclina gravement.

— Mais aujourd'hui, nous sommes émancipés, si nous n'avons pas encore tous les avantages auxquels nous avons droit, cela viendra ; monsieur peut vous le dire.

Nouveau salut du commis-voyageur.

— On prépare en ce moment l'émancipation générale des travailleurs. Tous les peuples sont frères. Plus de douane, plus d'armées. Voilà les idées du dix-neuvième siècle. Il ne faut pas que le peuple reste plus longtemps sous la servitude des curés et des jésuites. N'est-ce pas, Monsieur ?

— Monsieur, lui répondit le voyageur, je ne puis m'empêcher de vous exprimer mon admiration, en même temps que mon étonnement de rencontrer un homme aussi versé que vous dans les questions à l'ordre du jour. Oui ; Messieurs, je ne crains pas de le dire, Monsieur, que je n'avais

pas encore l'avantage de connaître, est un de ces hommes
qui ont longuement étudié les questions sociales, les questions du moment, les questions... enfin, vous comprenez...
oui, c'est un homme qui... un homme... un de ces hommes
appelés à contribuer, à faire pénétrer partout, oui partout,
les questions dont j'ai parlé... C'est un homme enfin, vous
comprenez... l'humble classe des travailleurs... la solidarité
générale des peuples... enfin, c'est un homme qui est joli-
ment fort.

— Monsieur, lui répondit André, fier d'un si éclatant té-
moignagne, je vous assure que vous êtes trop flatteur... je...
vous assure que.. je ne mérite qu'une partie de vos éloges.
Mais je reconnais que vous aussi vous êtes un homme sur
lequel on peut compter ; s'il y avait beaucoup d'hommes
comme nous, monsieur... le sort du peuple serait assuré.

Les deux interlocuteurs se serrèrent la main et restèrent
un moment silencieux, pour savourer tout à leur aise le bonheur du triomphe.

André Thévenot était un de ces hommes dont le nombre
tend malheureusement à s'accroître tous les jours, qui, nés
à la campagne, ont un profond dédain pour tout ce qui leur
rappelle leur origine. Le langage, le costume, les mœurs,
les croyances, les personnes même, sont pour eux souverainement méprisables. Ils ont adopté une sorte de jargon
fourmillant de mots dont ils ne comprennent pas le sens, et
qui dans leur bouche n'en ont plus aucun. Ils ont renoncé à
la blouse, mais ils portent des vêtements fournis par les
confectionneurs ou par les petits tailleurs des petites villes,
et dont on pourrait retrouver les types dans les modes d'il y
a vingt ans. Leurs mœurs sont un peu moins grossières,
mais beaucoup plus dévergondées.

Ils ont rejeté les superstitions de leurs aïeux, mais ils
croient au *Siècle* et à tous les petits journaux de la même
couleur, qu'ils comprennent juste assez pour en retenir les
sottises et les blasphèmes. En somme, s'ils ont rejeté la sim-
plicité du paysan, ils en ont conservé les défauts, et, en vou-

lant se donner des airs bourgeois, ils n'ont pris des habitants des villes que les vices et l'incrédulité.

André Thévenot était un de ces êtres déclassés, une espèce
de mauvais bourgeois, enté sur un mauvais paysan. Il avait
un paletot, mais un paletot déformé, couvert de taches,
crasseux et sans boutons; il ne portait pas de sabots, mais
ses souliers éculés baillaient en plus d'un endroit. Il aurait
rougi de se coiffer d'une casquette, mais son chapeau de
feutre n'était plus d'aucune couleur, et le ruban qui l'avait
entouré jadis était remplacé par une ceinture de substance
huileuse produite par la transpiration et la poussière.

Ce chapeau couvrait un front bas et fuyant, et cachait à
demi deux petits yeux gris et clignotants, aux paupières
rouges, au regard terne et cauteleux, qui jamais ne se fixait
sur son interlocuteur, mais errait continuellement de côté
et d'autre comme s'il craignait une surprise. Son nez long et
pointu se recourbait comme le bec d'un oiseau de proie, et
venait, pour ainsi dire, se replier sur la bouche. Enfin, sur
ses lèvres fines et décolorées était stéréotypé un sourire de
béate satisfaction.

Cependant, les bonnes gens de Brettiguy sortaient des
vêpres, ce qui en avait privé plusieurs d'entendre les choses
sublimes qui s'étaient dites au *Bon Laboureur*. Nous n'affirme-
rons pas qu'ils le regrettaient.....

André, en les voyant se diriger vers le cabaret, se pro-
mettait de nouveaux succès devant ces nouveaux témoins ;
il cherchait déjà dans sa mémoire quelque bonne tirade
d'un effet foudroyant contre les prêtres et les nobles, quand
il aperçut François, le charretier des Rosiers.

Ne pouvant attaquer le maître qu'il ne rencontrait guère
dans les lieux qu'il fréquentait, ce fut un bonheur pour lui
de pouvoir s'en prendre au domestique; aussi, celui-ci était
à peine entré :

— Hé bien ! maître François, lui dit-il, comment cela va-
t-il aux Rosiers ?

— Pas mal, répondit le brave ouvrier sur un ton qui in-

diquait que la conversation du sieur André ne lui était rien
moins qu'agréable.

— Vous n'êtes guère prodigue de vos paroles reprit son
interlocuteur.

— C'est sans doute que je n'en ai pas à perdre.

— Alors vous comptez pour perdues les paroles que vous
m'adressez ?

— C'est possible, moi, je ne suis pas un avocat de mauvaise cause.

— Vous voyez, monsieur, reprit André en s'adressant au
commis-voyageur, que tout n'est pas fait encore dans ce
pays pour l'éducation du peuple. Voilà un homme qui est
pourtant le premier laboureur de mon beau-frère, et qui est
encore imbu des idées les plus-rétrogrades.

— Cela se voit, lui répondit le voyageur; c'est à vous
monsieur, de redresser l'esprit de ces pauvres gens, et cela
ne vous sera pas difficile.

Monsieur André salua profondément, et, intimement flatté
de la haute approbation de son nouvel ami :

— Voyons, François, reprit-il, je parie que tu viens des
vêpres. A quoi cela te sert-il ? Toutes ces choses-là, vois-tu,
sont des momeries bonnes pour autrefois, mais aujourd'hui...

— Laissez-moi donc tranquille ! Qu'est-ce que cela vous
fait si je vais à l'église ?

— Dis-moi, qu'y vas-tu faire ?

— Prier le bon Dieu pour tous ceux qui me font du bien,
et vous savez de qui je parle; ensuite, pour ceux qui en auraient grand besoin, et qui ne le font pas.

— Bah ! vraiment ! Mais voyez-vous le brave François ?...
Mais c'est qu'il parle bien !

— Il y a assez de gens comme cela pour parler mal.

— Mais sais-tu que tu as de l'esprit ?

— M'est avis que si j'avais tout celui qui vous manque,
j'en aurais encore bien plus.

— Dis donc, maître François, sais-tu que tu n'es pas
très poli?

— Possible. Je ne vous dis rien, moi, faites de même.

— Mais tu ne vois pas, malheureux, que ce que je te dis, c'est pour ton bonheur ; tu ne vois pas que je veux te retirer de l'abîme de l'ignorance et de la superstition où tu es plongé ?

— Pour me faire vivre comme vous, peut-être ? Vous perdez votre temps.

— Mais je ne veux pas t'empêcher d'avoir une religion, je veux seulement te faire voir que tu as tort de suivre toutes les superstitions des curés. Est-ce que tu crois que je n'ai pas une religion aussi, moi ?

— Oui, celle de mon chien.....

— Pas du tout, je crois en Dieu, je vis en honnête homme. Voilà ma religion, et je n'ai pas besoin d'autre chose.

— Ça, c'est vrai ; pour manger son bien et celui des autres, cela suffit. Moi, je ne suis qu'un pauvre ouvrier, mais je crois ce que ma mère m'a enseigné, je fais ce qu'elle m'a appris, et je dis que s'il n'y avait pas un bon Dieu, on devrait en faire un pour punir les vauriens et les mauvaises langues.

— Allons, je vois que nous ne ferons jamais de toi un bon républicain.

— Je ne suis ni pour ni contre la république. Je ne fais pas de politique. C'est bon pour ceux qui ont étudié et qui ont du temps de reste.

— Pauvre simple d'esprit ! Mais tu es du peuple, les intérêts du peuple sont les tiens.

— Mon intérêt, c'est de travailler, de gagner honnêtement ma vie. Du moment que mon maître est content et que ma conscience est en repos, je n'ai pas besoin d'autre chose.

— Alors, monsieur, reprit le commis-voyageur venant en aide au citoyen Thévenot qu'il voyait faiblir, alors, monsieur, il vous est indifférent d'être libre ou d'être esclave ?

— Apprenez, vous que je ne connais pas, que je ne suis l'esclave de personne, et ne m'échauffez pas la bile !

— Ne vous emportez pas, mon brave.

— Pourquoi m'attaquez-vous quand je ne vous parle pas ?

— Je ne vous attaque pas. Je veux seulement vous faire comprendre que tant qu'il y aura des tyrans le peuple sera esclave.

— Qui appelez-vous des tyrans ?

— Mais les rois, les empereurs, les papes.

— Tiens ! Et avec une République, est-ce qu'il n'y a pas un président ?

— Oh ! mais c'est bien différent, le président est nommé par le peuple, c'est le peuple qui est roi.

— Il est joli votre roi ! En attendant, qu'il y ait un empereur, un roi ou un président, le peuple, s'il veut manger et donner du pain à sa famille, doit toujours travailler. Voyez-vous, monsieur l'étranger qui voulez faire le malin, nous ne sommes pas si bêtes que nous sommes mal habillés, comme on dit chez nous, et vous ne nous ferez pas prendre des vessies pour des lanternes. Je ne parle pas pour les beaux messieurs qui peuvent espérer devenir président à leur tour, ou au moins voir arriver là un de leurs amis qui leur donnera les bonnes places, mais, pour nous, nous ne pouvons éviter d'obéir à un roi comme un président, et je ne me trouve pas plus esclave de l'un que de l'autre. J'ai déjà vécu sous plusieurs gouvernements, j'ai vu des gens gagner ou perdre des places quand on changeait ; quant à nous, travailleurs, à nous le peuple honnête, savez-vous ce que nous y avons gagné ? De voir les impôts augmenter chaque fois, et, pour le reste, c'était toujours la même chose.

— Mais, reprit André, tu parles toujours à ton point de vue, c'est de l'égoïsme, il faut se mettre au point de vue général, et rechercher l'intérêt des masses.

— Vous, je vous connais, avec l'intérêt des masses ; dites votre intérêt, vous voudriez bien avoir les bonnes places, être bien payé, bien boire, bien manger, et n'avoir pas grand'chose à faire. Oh ! c'est alors que vous vous moqueriez pas mal du peuple !.. Après tout, République ou autre chose, cela m'est bien égal, pourvu que tout le monde soit

content, et que les honnêtes gens puissent gagner leur vie
en travaillant. Rappelez-vous bien ce que je vais vous dire,
monsieur André : Quand je verrai des gens comme mon
maître soutenir la République, je veux bien être républicain ; mais, tant que je ne l'entendrai défendre que par des
gens de votre espèce, je m'en défierai toujours. Là-dessus,
je vous souhaite le bon soir, il faut que je rentre pour donner à manger à mes chevaux.

— Tu es bien pressé !

— Oui, je suis pressé, le maître part demain de grand
matin, il faut que je prépare tout ce soir.

— Tiens ! où va-t-il donc le cher beau-frère ?

— A Guinchamp.

— Seul ?

— Non pas, il conduit madame Lefort et le petit faire
visite à leur oncle Jérôme.

— Tu lui diras bien des choses...

— Si je ne l'oublie pas.

André, cette fois, n'avait plus lieu de se féliciter beaucoup
de ses succès ; les réponses de François avaient amené sur
bien des lèvres un sourire moqueur, mais une pensée qui
le préoccupait vivement l'empêcha de remarquer les chu-
chottements et les regards railleurs des bonnes gens de Brettigny. Depuis le départ de François, il était silencieux, les
yeux fixés à terre, les lèvres contractées.

— Le valet est aussi insolent que le maître, se dit-il.....
Ils vont à Guinchamp... Ils partiront de grand matin, et re-
viendront fort tard dans la nuit... Mais la route est si unie et
si découverte ! si je pouvais !... Il y a bien la traversée du
bois de Montvert, mais avec Francluron ils n'oseront jamais
passer par là... Enfin, nous verrons...

Quand François rentra à la ferme, Jules Lefort lui
donna divers ordres relatifs aux soins des animaux, puis il
ajouta :

— Demain, tu attèleras ta carriole pour cinq heures très
précises, nous avons une longue route à faire.

— Bah ! répondit François, avec Francluron, vous serez bientôt arrivés.

— Non, non, je ne prends pas Francluron, il n'est pas assez sage. Je vais conduire ma femme et mon enfant. Je préfère la Grise, elle ne marche pas aussi vite, mais avec elle je prendrai les chemins de traverse, et nous arriverons assez tôt... Par le bois de Montvert il n'y a que huit lieues.

— A vot'mode, not'maître, mais la route est bien mauvaise ! Si j'étais de vous, j'aimerais mieux prendre Francluron, et faire le long tour.

— Non, François, ma femme en a peur, et puis moi-même, je ne suis pas assez sûr de lui... Songe donc, s'il allait arriver malheur à notre Jules !

Et, en disant ces mots, il montrait à son domestique un chérubin blond et rose, qui dormait paisiblement sur le sein de sa mère.

François le contempla un instant, en souriant :

— C'est vrai, dit-il, faut avouer qu'il est gentil, mais gentil comme on n'en voit pas souvent ! C'est un petit ange du paradis. Oh ! je comprends bien que vous ayez peur pour lui. Vous n'avez que celui-là, vous l'avez attendu cinq ans ! M'est avis que si j'en avais un comme celui-là j'en deviendrais quasiment comme fou.

— Oui, va, mon bon François, il faut en avoir, surtout après les avoir si longtemps désiré, pour pouvoir comprendre combien on les aime.

Et François s'en alla à son travail en disant :

— Alors vous voulez la Grise ?

— Oui, la Grise, et veille bien à tout, serre bien les écrous des roues, quand tu les auras graissées, passe bien l'inspection des harnais, pour être sûr que tout est en bon état. Enfin, ne néglige rien.

— Soyez tranquille, not'maître, je vous comprends, et vous pouvez être certain qu'il n'arrivera pas malheur.

Cependant André Thévenot resté au cabaret, continua encore assez longtemps de causer avec le voyageur, il était

si heureux de trouver un homme capable de l'apprécier,
qu'il répéta encore, et pour la centième fois, tous les lieux
communs qu'il avait retenus de la lecture des journaux couleur de homard, ne s'interrompant de temps à autre que
pour faire remplir et vider ensuite d'interminables chopes.

L'heure s'avançait, et, à force de boire et de causer, on
atteignit le moment de la retraite.

Ce fut avec une véritable douleur qu'il se vit contraint de
quitter l'aimable marchand de denrées coloniales, son nouvel ami ; aussi, nombreuses furent les poignées de main,
nombreuses les protestations d'amitié, nombreux les petits
verres qui furent sacrifiés sur l'autel de l'amitié ; enfin, l'on
se quitta, non sans s'être bien promis de se retrouver, et
André se dirigea vers sa demeure.

Au lieu d'entrer chez lui, il tourna à droite, prit une petite
ruelle sombre et déserte qui se dirigeait vers l'église, péné-
tra dans le cimetière, et, se plaçant dans un angle obscur
formé par une saillie du clocher, il resta un moment immobile, regardant autour de lui, et écoutant.

— Personne, dit-il enfin, je puis continuer.

Il se remit en route, et sortit bientôt du village ; après
avoir fait quelques centaines de pas, il se jeta dans les prés
qui étaient à sa gauche ; puis, s'arrêtant de nouveau derrière un buisson :

— Personne encore, je n'ai pas été vu ; en suivant les prés
jusqu'au Riez, je suis bien certain de ne pas rencontrer âme
qui vive ; de là, pour arriver au bois, je n'ai plus que la
plaine du grand champ ; à cette heure.....

Et il reprit son chemin.

Si la nuit qui était complétement venue, n'avait empêché
de voir ses traits ; celui qui l'eût rencontré eût été frappé de
l'expression sinistre de son regard ; l'envie, la haine, le désir de la vengeance qui se partageaient son cœur, se dessinaient sur son front plissé et sombre.

— Oh ! se dit-il, réussirai-je jamais ? Jules Lefort, tu m'as
humilié ; hier, tu m'as presque mis à la porte de chez toi ;

aux Rosiers, tout le monde me hait, jusqu'à cet imbécile de François qui m'insulte !... Mais je me vengerai...

Il marchait depuis une demi-heure, quand enfin il atteignit la lisière du bois.

— Si tu passes par ici, Jules, s'écria-t-il d'une voix concentrée, malheur à toi ! Ta femme, ton enfant, et toi, vous vous souviendrez de cette nuit...

Cependant l'obscurité se fait de plus en plus profonde ; le bois dans lequel il vient de pénétrer est enveloppé de ténèbres épaisses ; il ne voit plus son chemin et n'avance qu'en tâtonnant. Les ronces s'attachent à ses vêtements, il lui semble que des mains invisibles veulent le retenir, les branches lui fouettent le visage ; le vent soufflant dans les grands arbres, et passant à travers les feuilles qu'il secoue violemment, leur fait rendre des sons lugubres comme des voix plaintives et mourantes. De toutes parts, des bruits mystérieux résonnent à son oreille, une cloche, dont le vent lui apporte le son, lui paraît un glas funèbre. Il croit entendre des pas derrière lui, il tressaille, s'arrête... ce n'est rien, une feuille morte que le vent fait tournoyer... Il reprend sa route, marche quelques moments, nouveaux bruits. Cette fois, il se croit certain d'être suivi, rien encore... la sueur perle sur son front, ses dents claquent, mais il marche toujours.

Des aboiements lointains se font entendre, il écoute, il frémit, ce ne sont pas des aboiements ordinaires, la voix des chiens qui hurlent dans la nuit, et dont l'éclat fait retentir les échos de la forêt prononcent un nom : *Caïn !*

— *Caïn*, dit-il, oui, c'est mon nom, ou du moins il le sera bientôt... Caïn, c'est moi... c'est moi que l'on appelle Caïn...

Ses cheveux se hérissent, la respiration lui manque, il s'arrête... puis, après un moment :

— J'irai jusqu'au bout ; je veux me venger !

Enfin, il arrive à une petite hutte placée sous le taillis à deux mètres de la route, il en pousse la porte, elle résiste.

C'était un abri que les bûcherons et les cantonniers s'étaient construit pour y remiser leurs outils quand ils travaillaient dans cette partie de bois, elle leur servait aussi à se mettre à couvert par les mauvais temps.

Il existait, du côté opposé à l'entrée, une petite lucarne fermée par un volet fait de deux vieilles planches. André, voyant que la porte lui résiste, fait le tour de la cabane et pousse le volet, celui-ci cède ; passant alors la moitié du corps par l'ouverture, il tâte dans tous les sens ; enfin, un soupir de satisfaction suivi d'un « c'est bien ! » indique qu'il a trouvé ce qu'il cherche.

— Maintenant, dit-il, il ne me reste plus qu'à savoir quel cheval il prendra. Pourvu que ce ne soit pas Francluron !...

Et, cela dit, il reprend le chemin de Brettigny, pressant le pas autant que lui permettent ses jambes qui fléchissent sous lui. La frayeur l'empêche de se retourner... Les bruits lugubres continuent à se faire entendre, le vent souffle avec rage, les arbres plient et craquent. Il lui semble voir des damnés qui se tordent dans les supplices... De grandes branches en travers de la route lui apparaissent comme des bras gigantesques qui vont le saisir, il ne marche plus, il court... Des éclairs sinistres déchirent la nue, et les aboiements lointains continuent de hurler Caïn !... Caïn !...

Quand il arrive enfin, il se laisse tomber sur son lit sans oser se déshabiller ; pendant toute la nuit il entend les hurlements, et il sent des bras mystérieux qui cherchent à le saisir.

Le châtiment du misérable commençait avec la pensée de son crime.

III

A GUINCHAMP.

Le lendemain, cependant, le soleil se leva radieux ; l'orage qui, pendant la nuit, avait menacé les environs de Brettigny, s'était dissipé, et avait été porter ailleurs ses colères et ses torrents.

La journée s'annonçait splendide, André, dont les terreurs avaient disparu avec le retour de lumière, se dirigea vers la ferme des Rosiers.

Quand il eut franchi le porche, il trouva François au milieu de la cour se préparant à aller aux champs.

— Eh bien ! lui dit-il en l'abordant, est-on de meilleure humeur, mon vieux François ?

— Je suis toujours de même, répondit celui-ci en continuant d'atteler ses chevaux.

— Allons, tu es encore mal disposé mais tu as tort ; moi vois-tu, je n'en veux à personne.

— Tant mieux pour vous !

— Mais toi, tu m'en veux.

— Moi ? fit François en haussant les épaules.

— Oui, toi, continua André.

— C'est possible.

— Mais, voyons, qu'as-tu à me reprocher ?

— Rien.

— Comment, rien !

— Rien, je vous dis.

— C'est-à-dire que tu ne veux pas parler.

— Vous tenez donc à ce que je parle ?

— Certainement.

— Vous voulez que je vous dise ce que je vous reproche ?

— Oui.

— Bah ! c'est inutile, vous le savez aussi bien que moi.

— Point du tout.

— Alors, vous y tenez ?

— J'y tiens beaucoup.

— Eh bien ! écoutez ; je pourrais vous reprocher votre conduite, je pourrais vous dire que vous êtes un fainéant, un ivrogne, et bien d'autres choses ; mais je ne vous en parle pas, parce que cela ne me regarde pas, et que je m'en moque comme d'un fétu de paille. Ce que je vous reproche c'est votre ingratitude pour notre maître qui a toujours été trop bon pour vous ; ce que je vous reproche, c'est le chagrin que vous faites à votre sœur qui est une vraie sainte du bon Dieu.

— Peut-on, répondit André, dénaturer ainsi les actes et les intentions d'un honnête homme ! Tu te trompes complétement sur mon compte, mon bon François ; j'aime beaucoup mon beau-frère ; nous avons quelquefois de petites difficultés ensemble, c'est vrai, mais si tu savais combien il est injuste envers moi !... Je ne veux pas en dire davantage, je ne voudrais pas lui faire tort dans l'esprit de ses domestiques.

— Oh ! vous pouvez en dire tout ce que vous voudrez, soyez tranquille, ce n'est pas vous qui lui ferez tort ici.

— Allons, je vois que c'est un parti pris, je n'y puis rien ; mais qui vivra, verra.

Pendant cette conversation, André regardait de tous côtés dans la cour ; il était sous l'impression d'une préoccupation ardente. Tout en parlant, il se dirigea vers l'écurie, et aperçut Flancluron à son râtelier. A cette vue un éclair de joie illumina ses traits, un éclair de joie mauvaise, de joie infernale.

— Tiens, dit-il alors de l'air le plus innocent du monde, Jules n'a pas pris son jeune cheval ?

— Non, il a préféré *la Grise*, elle est plus sûre.

— C'est vrai, mais avec celui-ci, il eût marché plus vite.

— Je ne dis pas non, mais avec *la Grise* il compte prendre par le bois de Montvert, ce qui raccourcit la route de deux bonnes lieues. Malgré tout, il a eu tort ; à sa place, j'aurais préféré le bon chemin et le bon cheval.

André Thévenot, satisfait de ce qu'il avait vu, quitta François sur ce propos, et retourna au cabaret, où il se livra à de copieuses libations. Nous le laisserons à cette triste occupation, et nous suivrons M. et Madame Lefort.

Partis comme ils l'avaient annoncé à cinq heures du matin, ils arrivèrent bientôt au bois. Pendant cinq cents mètres environ, la route est encore excellente, mais à un endroit nommé *les Carrières* elle se resserre, s'encaisse profondément entre deux talus à pic, fait brusquement quatre ou cinq crochets, et gravit une pente excessivement rapide, dont le sol est labouré de profondes ornières creusées par les lourdes voitures qui transportent les bois.

Cependant Jules Lefort arriva sans encombre au haut de la montée, et, peu de temps après, il entrait dans une magnifique plaine entourée de toute part d'une ceinture de riches colines. De côté et d'autres, des villages à demi cachés dans la verdure laissent voir leurs clochers se dessinant sur le ciel Jules ne peut se lasser d'admirer le paysage, mais ce qui l'attire, ce qui pour lui est vraiment beau, c'est la richesse du sol ; de quelque côté que le regard se dirige, aussi loin que l'œil puisse plonger, il découvre une terre généreuse et féconde. Les blés sont en partie enlevés, mais le grand nombre de meules qui se dressent de toutes parts prouve combien la moisson a été abondante. Jules admire les autres récoltes, les unes encore debout, les autres couchées par la faux, ou redressées en faisceaux, il calcule combien elles rapporteront à leurs heureux propriétaires.

— Bonne année ! dit-il, le bon Dieu a eu soin de nous !

Avec le jour, les ouvriers arrivent à leur travail ; les uns commencent à faucher les vastes champs d'avoine aux reflets dorés, pendant que de robustes jeunes filles au teint bruni les suivent en relevant les gerbes ; les autres arrachent des féverolles ; d'autres, des camelines. En voici qui arrivent encore, ils viennent de loin, et tous ces braves travailleurs sont gais et contents, ils adressent à ceux qu'ils rencontrent un franc bonjour accompagné d'un bon sourire.

Le chant de l'alouette s'élevant dans les airs, salue le jour qui commence, et les jeunes paysannes, sans interrompre leur travail, répondent à la voix de l'alouette par quelque vieux refrain d'une naïve poésie.

Les splendeurs de la nature qui s'éveille ne peuvent cependant suffire à captiver l'attention du maître des Rosiers, souvent il se retourne pour contempler d'un œil attendri sur les genoux de sa compagne bien aimée, le petit Jules qui dort si doucement, si gentiment.

— Es-tu bien, Céline ? N'as-tu pas froid ? Le petit a-t-il chaud ?

Telles étaient les questions qu'il lui avait déjà adressées cent fois et qu'il devait répéter bien souvent encore jusqu'au moment de leur arrivée.

Et Céline, toujours son bon sourire sur les lèvres, lui répondait :

— Tu es trop bon, Jules, nous sommes très bien.

— Trop bon ! Pourrais-je jamais te rendre tout le bonheur que tu me donnes ? Oh ! béni soit le jour où tu as mis ta main dans la mienne ! Il ne manquait qu'une chose à notre bonheur, et, pour avoir attendu, nous n'avons rien perdu ; est-il possible d'avoir un ange plus beau que celui-là ?

— Et toi, Jules, ne me rends-tu pas la plus heureuse des femmes ? Si je ne t'aimais pas, je serais bien méchante ! Tu es si bon !

— Petite flatteuse ! mais, dis-moi, as-tu encore peur ? Tu dois bien voir qu'il n'y a aucun danger.

— Oui, je le reconnais ; mes craintes n'étaient pas raisonnables ; du reste, avec toi j'irais au bout du monde ; puis, je suis si heureuse d'aller à Guinchamp revoir mon bon vieil oncle, la vieille maison où j'ai passé presque toute ma jeunesse, et jusqu'à la vieille Madeleine qui a pris tant de soins de moi dans mon enfance.

Et, devisant ainsi, ils avançaient toujours ; la *Grise* allait une bonne petite allure, et, sans brûler le pavé, elle faisait de la route. Le seul événement fut une halte à mi-chemin pour laisser un peu reposer la brave bête, et donner un bol de lait bien chaud au petit enfant.

Enfin, vers dix heures, ils aperçurent le clocher de Guinchamp.

— Allons, *la Grise*, fit monsieur Lefort en donnant un léger coup de fouet à son cheval, allons, ma vieille, encore

un petit coup de collier et tu te reposeras, et l'oncle Jérôme
te donnera de belle et bonne avoine, tant que tu en voudras. La *Grise*, comme si elle eût compris les paroles du maître, pressa le pas, et ils firent dans le village une entrée
triomphante, saluée par un superbe charivari d'aboiements
de tous les roquets du pays qui suivirent la carriole jusqu'à
la porte de l'oncle Jérôme.

Le bon vieillard était assis dans son grand fauteuil au coin
de la cheminée, une petite toque de soie noire retenait ses
cheveux blancs qui s'en échappaient par touffes soyeuses ;
les pieds allongés vers le feu, les lunettes sur le nez, il lisait
paisiblement son journal, quand il fut tiré de sa quiétude
par tout ce tapage ; saisissant aussitôt ses lunettes par une
de leurs extrémités ; il les leva, et en posa les verres sur le
haut de son front ; regardant alors dans la cour, il aperçut
la voiture des Rosiers.

L'oncle Jérôme était un beau vieillard de quatre-vingts
ans. Son visage doux et souriant reflétait la sérénité de son
âme ; le temps avait blanchi ses cheveux, ridé son visage,
courbé ses épaules, diminué ses forces, mais il lui avait
laissé le calme de la bonne conscience, et s'il avait affaibli
le corps, il n'avait pu mordre sur le cœur qui était encore
aussi bon, aussi dévoué, aussi aimant qu'autrefois.

Jérôme Duret, né d'une famille de cultivateur, s'était, dès
sa jeunesse adonné aux travaux des champs ; il avait souvent
pensé à se choisir une compagne, mais les nombreuses occu-
pations de la culture, dont il avait pris la direction par suite
des précoces infirmités de son père, l'avaient obligé de re
mettre à un temps plus éloigné la réalisation de son projet.
Après la mort de ses parents, il pensa de nouveau à fonder
une famille, quand la mort de son beau-frère, laissant veuve
son unique sœur, lui inspira la résolution de se dévouer désormais à elle et à ses enfant. Peu d'années après, cette
sœur elle-même mourut lui laissant, comme un dépôt sacré,
André et la petite Céline, âgée de quatre ans à peine.

Il réalisa alors sa fortune, et se retira à Guinchamp pour

pouvoir se consacrer entièrement à l'éducation des deux orphelins.

Nous savons déjà par l'affection que Céline avait vouée à son oncle, combien il avait rempli consciencieusement ses devoirs de père adoptif.

André avait montré dès les premiers temps un esprit d'indiscipline et de dissimulation qui ne faisaient que trop présager ce qu'il deviendrait plus tard ; sa sœur, au contraire avait laissé voir les plus heureuses dispositions. Elle avait su profiter des bons exemples et des bons conseils de son oncle ; et les principes solidement chrétiens qu'il s'était efforcé de lui donner, avaient fait germer dans son âme la semence de toutes les bonnes qualités et de toutes les vertus.

Aussi, au moment où Jules Lefort était venu la demander en mariage, Céline était-elle citée comme le modèle des jeunes filles du pays, sachant allier aux grâces de son âge et de son sexe, toutes les vertus qui font la femme chrétienne, la femme qui doit être un jour une digne mère de famille.

Jérôme Duret ayant reconnu la voiture de son neveu, se leva aussitôt, et, aussi vite que ses vieilles jambes le lui permirent, il se dirigea vers la porte pour recevoir les nouveaux arrivants ; mais déjà Jules était descendu, et, prenant le marmot des mains de Céline, il le présentait au vieillard en disant :

— Mon oncle, voici votre filleul qui vient vous visiter ; vous voyez que votre bénédiction lui a porté bonheur.

— Bonjour, Jules, lui répondit Jérôme, mais confiez-moi un moment ce gaillard-là, pendant que vous aiderez votre femme à descendre. Bonjour, Céline, bonjour.

Puis, tous quatre entrèrent dans la bonne vieille maison, Jérôme portant toujours le bébé qui lui souriait.

— Mon oncle, lui dit Céline, vous allez vous fatiguer.

— Allons donc, me fatiguer ! mon filleul, jamais !

Et le bon vieillard couvait des yeux le petit enfant qu'il avait délicatement posé sur ses genoux, et l'enfant souriait au vieillard.

Puit vint Madeleine, la servante septuagénaire qui avait

blanchi sous le toit de Jérôme, et ce fut des « Jésus Maria ! » des « mon Dieu ! » sans fin, qu'il est beau ! qu'il est grand ! qu'il est fort ! qu'il est bien portant ! Et je crois qu'elle n'eût jamais terminé ses exclamations si l'oncle Jérôme ne l'avait rappelée à la réalité.

— Madeleine, lui dit-il, voilà mon neveu et ma nièce arrivés, il s'agit de les faire dîner et bien dîner. Je ne les recevrai plus longtemps, je veux les bien recevoir, il vous faut choisir votre plus beau poulet et le mettre à la broche ; puis, vous verrez dans vos provisions ce que vous pourrez nous donner. Arrangez-vous comme vous voudrez, mais je veux que vous nous fassiez un véritable festin. Allons, à l'ouvrage, et vivement !

Puis, quand la ménagère fut sortie :

— Et vous, mes enfants, ajouta-t-il, comment vous êtes-vous portés depuis que je ne vous ai vus ? Et, aux Rosiers, tout y va-t-il comme vous voulez ?

Et ce furent mille questions auxquelles il fallait répondre. L'oncle Jérôme s'informait de tout, s'intéressait à tout.

— Et ma nièce, dit-il ensuite à Jules, est-elle toujours bien sage ?

— Oh ! mon oncle, pouvez-vous me demander cela de Céline ? C'est un trésor, c'est un ange. Si vous saviez combien je suis heureux !…

— Oui, oui, mes enfants, je le sais, je connais Céline, il est impossible de trouver un cœur plus aimant et plus dévoué que le sien. Quand je vous l'ai donnée, Jules, je vous ai dit : « Je vous donne un trésor, » et je savais ce que je disais… Si son frère lui ressemblait !…

A ces mots, un nuage de tristesse voila le front du bon vieillard.

Céline, prenant alors la parole :

— Mon oncle, ne vous faites pas tant de peine, André peut encore revenir à de meilleurs sentiments, il n'est pas méchant, il est faible…

— Oh ! tu le défends toujours, toi, tu es si bonne ; mais je le connais trop bien !

— Mon oncle, que voulez-vous ? c'est toujours mon frère.

— Oui, mais je ne le reconnais plus pour mon neveu, il déshonore notre famille, et je le déshériterai. Enfin, laissons cela. Seulement, je vous préviens tous deux, défiez-vous de lui, il est capable de tout.

Cette conversation avait apporté un peu de tristesse dans l'âme de l'oncle et de ses visiteurs, mais la gaîté ne tarda pas à reparaître ; ils étaient tous si réellement heureux de se revoir qu'ils oublièrent bientôt André. On parla du temps passé, de l'avenir, du baby, et ainsi de propos en propos arriva l'heure du dîner.

C'était le moment solennel, l'oncle Jérôme déploya gravement sa serviette, et la séance fut déclarée ouverte.

Madeleine s'était surpassée, ce fut du moins l'avis général. Les convives étaient d'avance disposés à la bienveillance par le bonheur de se trouver réunis, et, de plus, la longue route que monsieur et madame Lefort avaient faite le matin leur avait fortement aiguisé l'appétit.

Aussi le repas fut trouvé succulent, les plats disparaissaient les uns après les autres, mais non sans avoir subi de fortes brèches, et Madeleine, fière de son triomphe, se multipliait, courant de la cuisine à la salle à manger, de la salle à manger à ses fourneaux, elle avait oublié ses soixante-quinze ans et ses rhumatismes.

Mais voici de nouveaux arrivants. L'oncle Jérôme, pour faire fête à ceux qu'il considérait comme ses enfants, avait envoyé à la hâte quelques invitations pour le café. C'était d'abord M. le curé de Guinchamp, puis M. le juge de paix avec sa *dame* et sa *demoiselle*, c'était encore M. Filon, le médecin, et Madame Filon, sa chère moitié ; Mademoiselle Cousin, une vieille fille de soixante ans, qui avait passé sa vie à se dévouer pour sa famille d'abord, puis pour les pauvres ; c'était enfin M. et Madame Bécu. M. Bécu était un ancien fermier, il aimait peut-être un peu trop à parler de *ses rentes*, Madame Bécu avait peut-être bien des prétentions à l'élégance assez mal justifiées par son âge et à coup sûr très-mal servies par son goût ; mais, au demeurant, c'étaient d'excellentes gens.

Tous ces bons voisins partageaient la joie du vieillard de revoir Céline et son mari. Après un échange de poignées de mains, de saluts et d'embrassades sans fin, c'est à qui les félicitera, les complimentera, à qui fera l'éloge du charmant baby.

Cependant chacun prend sa place autour de la table, et l'on prélude par quelques verres de vin qui sont tout naturellement l'occasion et le prétexte de nombreux toasts, les verres se choquent, et l'on s'adresse mutuellement des souhaits de santé, de bonheur et de prospérité.

Mais voici Madeleine qui entre majestueusement ; elle porte sous un coin de son tablier un objet discrètement voilé ; et quand elle arrive auprès de son maître, elle dépose gravement sur la table une bouteille coiffée d'un long capuchon de métal.

— Hé. quoi ! s'écrient les convives, du champagne !

— Mon oncle, vous nous gâtez, dit Céline.

— Hé ! hé ! mes enfants, dit le vieillard en se disposant à faire sauter le bouchon, oui c'est du champagne, du vrai champagne, et j'espère qu'il sera bon. Je me fais vieux. Qui sait si j'aurai encore le bonheur de vous recevoir ?

— Toujours cette pensée ! dit Céline, croyez-vous donc qu'un malheur nous menace ?

— Vous, non, mes enfants ; mais, moi, je ne me fais pas d'illusion, ma tâche est accomplie, et je sens arriver l'heure du repos. Mais pas de ces idées-là ! puisque le bon Dieu nous donne encore cette bonne journée, remercions-le, et mettons-la à profit. Allons, Madeleine, les verres !

A ces mots, le bouchon doucement poussé s'élance au plafond en faisant retentir une joyeuse détonation.

Après une dernière santé portée à l'oncle Jérôme :

— Et moi, dit-il, à mon tour, je bois à mon filleul.

Puis, se tournant vers le petit Jules que Céline tenait sur ses genoux, le bon vieillard lui présenta un biscuit, et voilà que le bambin, excité par la belle couleur dorée du gâteau, tend ses mains mignonnes pour le saisir en poussant de petits cris de joie, et bien distinctement prononce : *papa !*

C'était la première fois que ses jolies petites lèvres roses laissaient échapper un son qui fût autre chose qu'un cri inarticulé. Aussi ce fut tout un événement. Une discussion s'engagea même entre la *dame* du juge de paix, et Mademoiselle Filon, sur l'âge auquel les enfants commencent à parler. Madame la juge affirma que sa *demoiselle* avait dit *maman* à neuf mois ; du reste, ce n'est pas étonnant, ajouta-t-elle, c'est une enfant qui a toujours été extraordinaire. Céline, sans se laisser entraîner dans d'aussi savantes dissertations donna cinq ou six gros baisers au bambin, et voulut lui faire redire encore ce petit mot, qui avait semblé si doux à son oreille. On s'efforça même de lui faire dire *maman*, on poussa la témérité jusqu'à vouloir lui apprendre sur l'heure à dire *parrain* ; mais il fallut y renoncer. Le bon oncle n'en fut pas moins enchanté, et il répéta plusieurs fois :

— Souvenez-vous bien que c'est à Guinchamp, et à ma table, que mon filleul a prononcé son premier mot...

Les heures s'écoulent rapidement quand on est heureux, quand on se voit entouré de parents et d'amis. Plusieurs fois déjà, Céline avait rappelé à Jules qu'ils avaient encore un long trajet à parcourir, mais comment interrompre une savante dissertation de M. Filon sur la nécessité d'une bonne alimentation pour les enfants ? puis, c'était M. le juge de paix qui expliquait dans tous ses détails la loi sur les haies, et autres plantations mitoyennes ; c'était ensuite madame Bécu qui donnait la théorie de l'élevage des jeunes dindons.

Tout cela était fort intéressant ; cependant il fallait songer au départ ; il était même bien tard quand la carriole fut amenée devant la porte. On se dit adieu, on s'embrassa, on se promit de se revoir, on prit jour pour une prochaine visite, et enfin la *Grise* partit au petit trot.

Elle allait bien, la brave bête ; elle sentait son écurie, et bientôt on fut loin de Guinchamp, mais déjà le soir était venu. Céline éprouvait, malgré elle, une sorte d'angoisse qu'elle ne pouvait ni vaincre ni définir, elle se sentait comme accablée d'un poids immense, elle ne souffrait pas, et pourtant sa respiration était difficile, les battements de son cœur étaient comprimés.

— Jules, dit-elle enfin, nous sommes partis trop tard.

— Allons, lui répondit celui-ci, voilà que tes frayeurs recommencent ! Enfant, si tu étais, comme moi, habituée à voyager à toute heure, tu saurais qu'il n'y a pas plus de dangers la nuit que le jour.

— Jules, je ne sais ce que je ressens, jamais je n'ai été comme aujourd'hui, j'ai peur.

— C'est la fatigue, appuie-toi, et tâche de dormir.

— Je ne saurais.

— Vois comme tu es peu raisonnable ! le temps est magnifique, les étoiles brillent, la nuit est aussi calme que possible ; avec cela, le chemin est superbe, et puis avec *la Grise*...

En effet, tout alla bien jusqu'au bois de Montvert. Le lecteur sait déjà combien à cet endroit la route est difficile, aussi Jules Lefort, qui la connaît de longue date, redouble d'attention.

Les grands arbres qui surplomblent empêchent de rien voir ; en ce moment, le ciel se charge de gros nuages noirs qui rendent l'obscurité complète.

Jules a rassemblé ses guides, il retient son cheval pour le forcer à marcher avec précaution, il est penché en avant, le corps aux trois quarts hors de la voiture, ses yeux cherchent à percer l'épaisseur des ténèbres. Tout à coup, il s'écrie :

— Qu'est-ce que cela ?

Au même moment, le cheval fléchit, fait un faux pas et tombe. Jules est lancé sur la voie, le cheval se relève et retombe de nouveau. Céline qui a eu à peine le temps de se rendre compte de ce qui vient d'arriver, entend un cri déchirant ; déjà demi morte de frayeur, elle s'élance avec son enfant dans les bras, elle ne voit rien, elle appelle son mari, celui-ci ne lui répond pas ; cependant il lui semble distinguer quelque chose de noir sous le cheval abattu, elle s'approche, elle a reconnu son mari.

— Jules ! s'écrie-t-elle.

Pas de réponse.

— Mon Dieu ! que faire ? au secours ! au secours ! mon mari ! mon enfant !... au secours !

Mais personne ne vient, et personne ne viendra : L'endroit où elle se trouve est éloigné d'au moins une lieue de toute habitation. A cette heure, il ne faut pas espérer d'y rencontrer une âme.

Alors la pauvre femme s'arme de tout son courage. Elle s'approche de nouveau, et constate que son mari est étendu sur le sol et presque entièrement recouvert par la pauvre bête qui essaie en vain de se relever. Jules est immobile. Ne pouvant agir avec son enfant dans les bras, elle va le placer sur la berge à quatre ou cinq pas plus loin, puis elle revient à son mari. Inutile de penser à le tirer de dessous le cheval, il faut d'abord essayer d'aider celui-ci à se remettre sur ses pieds. L'horreur de sa situation lui donne des forces, elle déboucle, elle casse, elle coupe avec les dents les parties du harnais qui retiennent le pauvre animal, puis, le saisissant à la bride, à force de coups et de cris, elle l'oblige à se relever ; mais il a été tellement blessé dans sa chute qu'à peine debout il fait quelques pas en chancelant et va retomber sur le bord du chemin.

Au même instant, un léger cri retentit qui fait tressaillir la jeune mère jusqu'au plus profond de son âme, elle bondit, elle a reconnu la voix de son enfant, elle vole à l'endroit où elle l'a déposé, elle ne le retrouve plus ; le cheval en retombant l'a écrasé. La malheureuse, folle de douleur, par un effort surhumain, fait rouler le cheval et enlève son enfant qui ne donne plus signe de vie, elle tombe à genoux, elle éclate en sanglots, sa raison s'égare, elle ne sait plus où elle est, ce qui est arrivé... Machinalement, elle presse le pauvre petit corps sur son sein pour le réchauffer.....

Enfin, elle se ressouvient... Elle court à son mari ; il est toujours là, couché, immobile ; elle l'appelle, elle essaie de le soulever... Jules Lefort ne se relèvera plus ! Elle met la main sur son cœur, il a cessé de battre... Jules Lefort n'est plus qu'un cadavre...

Comment peindre l'horreur d'une telle situation ? il est nuit, une femme est seule au milieu d'un grand bois, à une lieue de toute habitation, seule, avec deux cadavres, celui de son mari et celui de son enfant... Toutes les peintures qu'on pourrait faire d'une situation semblable ne pourraient qu'en atténuer l'horreur.

Après un certain temps, pendant lequel l'effroi et la douleur lui avaient ôté la connaissance, Céline, puisant de l'énergie dans l'excès même de sa douleur, traîne le corps de son mari sur le bord de la route, puis, prenant son enfant dans les bras, elle s'élance du côté du village.

Bientôt elle est aux Rosiers. A ses cris, tous les domestiques de la maison se lèvent à la hâte, François attelle une charrette, y jette tout ce qui peut être utile en de pareilles circonstances, et, en peu de temps, il est arrivé à l'endroit de la catastrophe avec deux de ses camarades.

Ils constatèrent d'abord que leur maître avait réellement cessé de vivre ; près de lui gisait la pauvre vieille jument, elle avait une jambe cassé, et, comme ils se demandaient qu'elle avait pu être la cause d'une pareille chute, ils aperçurent une espèce de tranchée de cinquante centimètres de largeur sur autant de profondeur, en travers de la route.

On étendit Jules Lefort sur un matelas placé au fond de la charrette, et le lugubre cortége se dirigea vers les Rosiers où il arriva avec le lever du soleil.

Cependant Céline quand elle a vu partir ceux qui allaient relever le cadavre de son mari, se laisse tomber sur un escabeau ; les femmes de la ferme s'approchent pour lui donner leurs soins, elle les repousse... son enfant est étendu sur ses genoux, elle le contemple d'un œil morne... le pauvre petit ne donne plus signe de vie ; puis voulant espérer contre l'espérance, elle le frictionne, le réchauffe, le couvre de ses baisers.....

Soudain sa respiration s'arrête, elle frémit, il lui semble
que son enfant a fait un mouvement, elle redouble ses
soins, toute son âme est dans ses yeux, elle épie un nouveau
signe de vie... Ah! cette fois, elle ne s'est pas trompée, le
petit moribond pousse un faible soupir. Il n'est pas mort !...

En ce moment, elle voit entrer le médecin qu'on avait
appelé en toute hâte.

— Docteur! sauvez mon enfant!

Celui-ci s'approche, examine le petit moribond écoute sa
faible respiration.

Elle suit avec anxiété tous ses mouvements, elle cherche
à lire sur ses trait l'expression de sa pensée.

— Vous le sauverez, docteur, n'est-ce pas? Ah! dites-moi
que vous le sauverez !...

— Je ferai, madame, tout ce qui me sera possible, espérez
que Dieu fera le reste.

Et se mettant immédiatement à l'œuvre, il essaye tous les
moyens que la science lui indique pour prolonger cette frêle
existence, mais au moment où il commençait à espérer,
une dernière convulsion s'empare du petit Jules et il expire
dans les bras de sa mère..... Pauvre Céline ! il ne lui reste
plus qu'à pleurer sur deux cadavres !...

VI

POURSUITES JUDICIAIRES.

Un si tragique événement ne pouvait passer inaperçu. Le
matin même, la gendarmerie alla constater à la descente du
bois de Montvert la tranchée faite en travers de la route, et
le procureur impérial, prévenu aussitôt, se rendit sur les
lieux dans l'après-midi, accompagné du juge d'instruction.

Le procureur, M. de Villers, descendait d'une famille de

magistrats ; ses manières distinguées, son langage correct, sa mise recherchée, tout chez lui indiquait un homme de meilleur monde. Pénétré de l'importance de ses devoirs, il mettait à les remplir un zèle, une ardeur, qui l'avaient fait remarquer, et lui avaient valu un rapide avancement. Peut-être le désir, l'espoir, de franchir encore bientôt de nouveaux échelons, n'étaient pas absolument étrangers à l'activité qu'il déployait dans l'exercice de ses fonctions ; mais aussi sa nature droite avait une telle répulsion pour le crime qu'il éprouvait une véritable satisfaction à découvrir le coupable, et à lui faire infliger les peines édictées par les lois.

M. Calvet, le juge d'instruction, était homme de haute taille, aux traits expressifs ; ses cheveux et ses favoris d'une éclatante blancheur, son dos un peu courbé, annonçaient un âge avancé. De longues années passées dans ses pénibles et difficiles fonctions lui avaient donné une grande expérience, qui lui permettait, aussitôt la découverte du plus léger indice, de suivre presque à coup sûr toutes les péripéties des machinations les mieux ourdies.

Au contraire de M. de Villers, ce qui excitait son zèle, ce n'était pas l'espoir d'un avancement que son grand âge rendait impossible, ce n'était même pas absolument là haine du mal.

M. Calvet était artiste à sa manière, il voulait découvrir pour le plaisir de savoir, il voulait voir clair au fond des choses les plus ténébreuses pour pouvoir dire : « J'ai vu. » C'était son art, c'était sa passion. S'il mettait quelquefois moins d'ardeur, moins d'activité dans ses démarches, que M. de Villers, il y apportait aussi plus de sang-froid, plus de persévérance, et il s'était acquis une réputation d'habileté qui le faisait particulièrement redouter de messieurs les voleurs, assassins, incendiaires, et autres estimables clients des tribunaux.

Les représentants de la justice, accompagnés du maire de Brettigny, du garde-champêtre et de deux gendarmes, se rendirent d'abord sur le terrain de la catastrophe.

Après avoir vérifié les constatations faites par la gendarmerie, et s'être rendu compte par eux-mêmes de tout ce qui pouvait les mettre sur les traces de la vérité, ils retournèrent au village.

Il était bien évident qu'un crime avait été commis. Quel en était l'auteur ? On ne connaissait aux Lefort aucun ennemi. Tout de suite, la rumeur publique accusa André Thévenot.

Le procureur et le juge d'instruction se refusèrent d'abord à voir le coupable dans le propre frère des victimes ; cependant, l'impossibilité de porter ailleurs les soupçons les décida à le faire comparaître.

Les gendarmes, chargés de le conduire devant les magistrats, le trouvèrent au *Bon Laboureur*, où il pérorait sur l'atrocité du crime qui venait de se commettre, et jurait qu'il n'aurait de repos que le jour où il aurait découvert le coupable et l'aurait livré à la vengeance des lois.

Quand ils lui signifièrent l'ordre qu'ils avaient reçu, André n'en parut ni surpris, ni inquiet.

— Je m'y attendais, dit-il ; je n'en suis même pas fâché ; comme je n'étais pas très-bien avec mon beau-frère, on pourrait me soupçonner, et je suis enchanté d'être tout de suite mis à même de prouver mon innocence, ce ne sera pas long.

Cela dit, il passa devant les gendarmes, et se dirigea vers la mairie.

Quand on l'eut introduit :

— Votre nom ? lui dit le juge d'instruction.

— André Thévenot.

— Votre âge ?

— Trente-six ans.

— Votre profession ?

— Marchand de bestiaux.

— Connaissez-vous M. et Madame Lefort ?

— Mme Lefort est ma sœur.

— Vous savez l'événement de la nuit dernière ?

— Oui, Monsieur.

— Comment l'avez-vous appris ?

— Madame Rousseau, la cabaretière du *Bon Laboureur*, est venue me raconter ce funeste événement avant que je sois levé.

— A quelle heure ?

— Il était deux heures après-midi.

— A deux heures vous n'étiez pas encore levé ?

— Non, monsieur ; hier soir, j'ai été indisposé ; j'avais bu peut-être un peu trop, cela m'a tourné sur le cœur, j'ai été obligé de me laisser coucher dans une chambre du cabaret, et je ne me suis réveillé que quand Madame Rousseau est venue me raconter le crime de Montvert.

— Vous cherchez déjà à établir un alibi, nous connaissons cela, mais nous verrons plus tard.

— Messieurs...

— Silence ! vous êtes ici devant les représentants de la justice, ne l'oubliez pas, vous avez à répondre à nos questions, ni plus ni moins. Quel est l'état de vos affaires ?

— Mes affaires ne sont pas mauvaises, au contraire.

— Ce n'est pas ce que dit le public, mais nous vérifierons vos dires à cet égard. Vous devez de l'argent à votre beau-frère ?

— Oui, messieurs, mais une affaire que je traite en ce moment allait me mettre en position de me libérer sous peu.

— C'est possible. Du reste, ajouta M. Calvet, on admet difficilement que le désir de recueillir l'héritage de M. Jules Lefort pût être le motif, ou, du moins, le seul motif d'un tel crime ; car vous ne pouviez pas deviner que le père et l'enfant succomberaient tous deux, que l'enfant survivrait de quelques heures à son père, enfin que Madame Lefort échapperait seule au danger, et, sans la réunion de ces trois circonstances, c'était un crime sans résultat pour vous, au point de vue de la fortune. Mais une autre passion, tout aussi puissante, tout aussi cruelle que celle de l'argent, a pu vous diriger. Vous étiez en mauvais termes avec votre beau-frère ?

— Messieurs, c'est une calomnie que depuis longtemps des envieux se sont plu à répandre sur mon compte. J'allais voir ma sœur presque tous les jours, j'étais au mieux avec elle, je ne nierai pas qu'il y ait eu quelquefois de légers dissentiments entre mon beau-frère et moi, mais c'étaient de ces petites querelles comme il en existe dans toutes les familles. Je n'ai jamais cessé un instant d'aimer et d'estimer M. Lefort ; et il en était digne, messieurs.

— Nous le savons.

— Et la preuve que, de son côté, il ne me gardait pas rancune, c'est que chaque fois que les besoins de mon commerce m'ont forcé à avoir recours à lui, je l'ai toujours trouvé prêt à me rendre service. Oui, messieurs, dans le deuil profond où me jette l'épouvantable malheur qui vient d'atteindre ma famille, c'est pour moi un cruel supplice de penser que l'envie et la jalousie de certaines gens iront jusqu'à m'accuser, moi, son ami, son frère, son obligé, d'avoir eu la pensée de commettre un tel forfait, et moi, doublement oppressé sous ce double fardeau du deuil et de la calomnie, je me vois traîné pieds et poings liés devant les juges, je me vois accusé, condamné, et, que sais-je ? Peut-être faudra-t-il que ma tête aille rouler sur l'échafaud pour assouvir la rage de mes infâmes accusateurs.

M. de Villers, se penchant sur l'épaule du juge d'instruction, lui dit à l'oreille :

— Si ce gaillard-là n'est pas coupable, je ne suis qu'un niais, il parle trop bien.

— C'est aussi mon avis, lui répondit M. Calvet.

Et, reprenant son interrogatoire :

— André Thévenot, vous me paraissez avoir trop bien préparé votre défense pour un homme malade, et qui, venant de se lever, est subitement saisi par la gendarmerie et traduit devant la justice.

— Non, messieurs, c'est la vérité qui me rend fort, rien de plus ; si je craignais, je tremblerais. J'établirai devant vous que non seulement je ne suis pas coupable, mais encore qu'à partir d'hier, à cinq heures du soir, j'ai été dans l'impossibilité d'accomplir aucun acte, ni bon ni mauvais.

— C'est ce que nous verrons. Mais vous nous avez dit avoir appris le crime par la cabaretière du *Bon Laboureur*, répétez-nous ce que vous a dit madame Rousseau.

— Vers deux heures, comme je vous l'ai dit, Madame Rousseau est entrée dans la chambre où j'étais depuis hier soir : « Ah ! m'a-t-elle dit, vous ne dormez plus, cette fois ! Ce matin, je n'ai pas pu avoir une parole de vous. Savez-vous le malheur ? Jules Lefort est mort, et son petit enfant aussi. Votre sœur est comme folle. En revenant, cette nuit, à la descente du bois de Montvert, le cheval s'est abattu, le brancard de la carriole s'est cassé. Jules Lefort est tombé sous son cheval ; sa femme, pour le débarrasser, est allée porter son enfant sur le bord du chemin un peu plus loin ; elle a fini par faire relever la pauvre bête, mais celle-ci qui avait une jambe cassée et ne pouvait plus se tenir, a fait quelques pas, et est retombée sur le pauvre petit qui a été écrasé. »

— Vous a-t-elle dit la cause qui avait déterminé la chute du cheval ?

— Oui, monsieur ; elle m'a parlé d'un fossé de cinquante centimètres de large sur autant de profondeur, et occupant presque toute la largeur du chemin.

— Vous a-t-elle dit quelle espèce d'outils on avait trouvés sur le bord de la route ?

— Oui, une pelle et une pioche.

Pendant le récit d'André, un gendarme était allé, sur l'ordre du juge d'instruction chercher la femme Rousseau.

Quand elle entra, celui-ci donna l'ordre d'emmener l'accusé dans une chambre voisine, avec défense absolue de le laisser communiquer avec qui que ce fût.

Après les demandes d'usage, la cabaretière fut invitée à raconter ce qu'elle avait dit à Thévenot.

— Messieurs, dit-elle, faut que je vous dise d'abord que M. Thévenot a passé chez moi toute la journée ; pour lors, il a bu tout le temps avec l'un et l'autre, si bien qu'au soir il était tout-à-fait en ribotte.

— Comment se fait-il que vous lui ayez donné à boire quand vous l'avez vu dans cet état ? Vous devez savoir qu'il vous est formellement interdit de donner aucune boisson aux hommes ivres ?

— C'est vrai, monsieur le juge ; mais, voyez-vous, moi, je ne suis qu'une pauvre veuve, et M. Thévenot n'est pas commode, surtout quand il a bu.

— Cela ne nous regarde pas ; si vous n'avez pas la force nécessaire pour maintenir l'ordre dans votre établissement, lui dit le procureur, il faut vous adjoindre quelqu'un, ou le quitter ; mais je m'occuperai de vous plus tard, continuez.

— Alors, messieurs, comme il était saoul, il s'est endormi sur le bord d'une table ; puis, il a roulé par terre, qu'on voyait qu'il n'était pas capable de retourner chez lui, je l'ai pris avec Louis Capot qui était là, et nous l'avons porté sur un lit que j'ai pour les voyageurs. Il est resté toute la nuit sans bouger, comme une souche. Ce matin, quand j'ai appris le malheur de cette nuit : « Faut pourtant que je lui fasse savoir ça, » que je me suis dit. Alors, je suis monté dans la chambre, il dormait encore. « M. André, que je lui ai dit, M. Thévenot... » Ah bien oui ! mes bons messieurs vous pouvez me croire, si vous voulez, il n'était pas encore *dessoulé*, tout ce que j'ai pu en avoir, c'était : «Mame Rousseau, à boire... une chope ! — Ah ! mais non ! que j'ai répondu ; tu n'en auras pas ! » Aussi vrai que le soleil nous éclaire, moi ; je voudrais pas mentir à la justice, messieurs !

— Ensuite ?

— Ensuite, je l'ai laissé tranquille ; à deux heures, en remontant, j'ai vu qu'il ne dormait plus : « Comment que ça va ? » que je lui dis. « Pas mal ; mais j'ai furieusement mal à la tête, Mame Rousseau, donnez-moi un petit verre ! — Du tout, que je lui dis ; il s'agit bien de petits verres ! Vous ne savez pas le malheur qui est arrivé ? »

Et la cabaretière répéta sa narration à peu près dans les mêmes termes qu'André.

— Mais, reprit M. Calvet, vous lui avez parlé du fossé creusé en travers de la route ?

— Oui, monsieur le juge, je lui ai dit comme ça, qu'il paraît qu'il y avait eu des méchantes personnes qui avaient eu l'imprudence de faire un trou dans le chemin.

— Lui avez-vous dit quelles étaient les dimensions de ce trou ?

— Qu'est-ce que c'est ça, des dimensions ?

— La grandeur, la largeur...

— Ah ! oui, je vous comprends. Mais non, que je n'ai pas pu le dire ; je ne l'ai pas vu le trou.

— Mais vous savez à peu près.

— En vérité, messieurs, je ne veux pas mentir à la justice, je ne sais pas. Depuis ce matin, on parle de ce trou dans mon cabaret ; mais moi, je ne sais pas de quelle grandeur il était. Il doit être énorme, puisqu'on dit que le cheval est tombé dedans tout entier ; mais, en vérité, je ne l'ai pas vu, vous pouvez me croire.

— Greffier, écrivez cette dernière partie de la déposition avec soin, elle est très importante... Encore une question : vous connaissez André Thévenot, puisqu'il fréquente trop assidûment votre cabaret. Que pensez-vous de lui ?

— Dame ! monsieur, c'est une bonne pratique. Vous savez, des gens comme lui, ça fait gagner de l'argent.

— Ce n'est pas cela que je veux dire. Quel est son caractère ?

— Ah ! dame ! il n'est pas commode, un peu sournois ; mais, c'est égal, il n'est pas méchant.

— Alors, vous ne le croyez pas capable de commettre un crime comme celui de cette nuit ?

— Oh ! bien non, monsieur, je ne crois pas qu'il soit assez méchant pour cela. Et puis, dans tous les cas, c'est toujours pas lui qui a fait ce coup là, puisqu'il était couché chez moi depuis hier soir, *saoul* comme une bête.

— Oui, reprit le procureur, il était ivre-mort, ou il simulait une ivresse complète. C'est ce que nous verrons.

— Vous pouvez vous retirer, dit le juge d'instruction à la femme Rousseau. Gendarmes, introduisez André Thévenot.

Quand celui-ci fut rentré :

— Vous nous avez raconté tantôt, lui dit M. Calvet, la conversation de madame Rousseau. Cette personne, que nous avons entendue, a confirmé vos paroles, sauf sur un point. Elle affirme ne pas connaître les dimensions de la tranchée creusée en travers de la route par une main criminelle ; ses idées à cet égard sont même dans une complète erreur puisqu'elle croit que le cheval y a disparu tout entier. Vous, au contraire, vous nous en avez donné les proportions aussi exactement que nous aurions pu le faire, M. le procureur impérial et moi qui venons de les voir et de les mesurer. Or, d'après vos dires et ceux des témoins entendus, vous n'avez pas pu vous rendre sur le terrain du crime depuis qu'il a été commis, c'est donc que vous y étiez avant... c'est vous qui êtes le coupable !..

— Monsieur, répondit Thévenot, vous oubliez que, depuis deux heures jusqu'à trois, c'est-à-dire jusqu'au moment où vous m'avez fait appeler, une heure s'est écoulée, et que, pendant la durée de cette heure, que j'ai passée dans un estaminet qui, depuis le matin, est plein de monde, et où chacun parle du triste et lamentable événement qui frappe ma famille, j'ai dû entendre, et j'ai entendu, en effet, vingt fois le récit des plus petits détails. Vous admettez, je pense, qu'après mon indisposition de la nuit qui m'a laissé la tête un peu lourde, et, dans l'émotion que doit me causer une catastrophe si inattendue, j'ai pu confondre les récits et attribuer à Madame Rousseau des paroles prononcées par d'autres.

— Vous êtes habile ; mais, cependant, n'espérez pas tromper la justice. D'après madame Rousseau, c'est hier à cinq heures du soir que vous vous êtes endormi sur le bord d'une table, et que de là vous avez roulé sur le carreau, où l'on vous a ramassé pour vous mettre au lit. Or, le matin, quand la cabaretière voulut vous réveiller pour vous raconter ce qu'elle venait d'apprendre, vous dormiez encore et la raison ne vous était pas revenue. Mais ici vous avez poussé les précautions trop loin. Un homme ivre qui a dormi douze heures, est complétement dégrisé; il peut avoir encore la tête et l'estomac malade, mais la raison lui est revenue. C'est, du reste, ce que la justice appréciera... Gendarmes, vous allez rester ici avec cet homme jusqu'à nouvel ordre.

Et ces messieurs, suivis du maire de la commune et du greffier, se dirigèrent vers le cabaret du *Bon Laboureur*.

— Montrez-nous la chambre occupée par André Thévenot, a nuit dernière, dit le procureur à la femme Rousseau.

— Cette chambre est située au premier étage ou plutôt au grenier. C'est une mansarde, éclairée par une fenêtre donnant sur la campagne, du côté opposé à la route.

Ils en examinèrent minutieusement tous les détails ; puis, le procureur, allant à la fenêtre, en suivit avec soin tout le contour :

— Voyez, dit-il au juge d'instruction, voilà deux toiles d'araignées qui étaient fixées, l'une en haut, l'autre vers le bas de cette ouverture, et qui ont été fraîchement déchirées. Madame Rousseau, ouvrez-vous souvent cette fenêtre ?

— Presque jamais, Monsieur, il y a bien trois mois qu'elle ne l'a été.

— Greffier, écrivez, fit M. Calvet. Maintenant, ouvrons, dit-il au procureur.

— Voyez, messieurs, dit le procureur aux personnes présentes, constatez avec nous que l'appui extérieur et la pièce de bois qui sert de base au châssis sont couverts, sur les côtés, d'une épaisse couche de poussière, tandis que le milieu est parfaitement net. M. le juge d'instruction, ne reconnaissez-vous pas, la trace d'un corps qui a passé par ici tout récemment, et dont les vêtements ont essuyé les endroits qu'ils ont touchés ?

— C'est parfaitement exact. Greffier, prenez note de l'ob

servation de M. le procureur impérial. Descendons maintenant.

— Tenez, dit-il à M. de Villers, quand ils furent dans la
cour : ce tas de décombres et ces pièces de bois placées
sous la fenêtre permettent d'en descendre, et d'y remonter
avec la plus grande facilité ; d'autant plus que le terrain
étant beaucoup plus élevé de ce côté, il y a à peine six ou
sept pieds du châssis au sol. Madame Rousseau, cette fenêtre
est bien celle de la chambre que nous venons de visiter ?

— Oui, monsieur.

— Ces décombres sont-ils là depuis longtemps ?

— Depuis plus d'un an, monsieur ; cela vient de la démo-
lition d'une étable à porcs, sauf votre respect, monsieur le
juge.

— C'est bien, cela nous suffit.

Le procureur ayant fait signe à un gendarme de s'appro-
cher, lui donna un ordre à demi-voix ; aussitôt celui-ci rentra dans la maison ; un instant après, il apparaissait à la
lucarne, franchissait l'appui, se laissait glisser sur le tas de
pierres, et sautait lestement à terre.

— Essayez d'y remonter, maintenant, dit M. Calvet.

— Ce ne sera pas plus difficile, M. le juge.

En effet, en quelques secondes, il avait disparu par l'ouverture restée béante, et l'on put s'assurer que les pierres
n'avaient pas même été dérangées.

Ces constatations faites :

— Il faudrait maintenant, dit M. de Villers, mettre l'accusé en présence des cadavres des victimes ; mais ce sera
bien difficile, devant la profonde douleur de la veuve ; de
plus, cet homme, innocent ou coupable, a tellement de sang-
froid que cette vue ne produira sur lui aucun effet.

— Je ne compte pas plus que vous sur l'effet de cette
épreuve. Thévenot me paraît un scélérat qui a froidement
calculé son crime, et s'est préparé à tout ; cependant il le
faut, nous ne devons rien négliger pour découvrir la vérité.
Rendons-nous sans lui près de Madame Lefort ; il ne nous

sera pas difficile, au moment de la confrontation, d'éloigner
cette femme déjà si malheureuse.

Quelques instants après, ils entraient aux Rosiers. Dans
le salon de la ferme, on avait disposé un lit, un berceau était
auprès, le corps de Jules Lefort était étendu sur le lit, dans
le berceau était celui du petit enfant. Sur une table recou-
verte d'un linge blanc, un crucifix, au pied duquel on avait
placé un bénitier avec sa branche de buis bénit. Quatre
grands flambeaux de cire jaune jetaient une lueur blafarde
dans l'appartement dont les volets étaient hermétiquement
fermés.

C'est là qu'ils trouvèrent Céline agenouillée, en prière,
calme en apparence, mais pâle, immobile, l'œil fixe, la tête
appuyée sur le bord du berceau. Elle ne pleurait pas, sa
douleur était trop profonde...

— Ce n'est pas ici le lieu, dit M. de Villers.

Et, se retournant vers une servante :

— Veuillez, lui dit-il à demi-voix, prévenir Madame Lefort
que nous désirons l'entretenir un instant ; nous l'attendrons
dans l'appartement que nous venons de traverser.

Céline, avertie par la jeune fille, se leva et entra dans la
salle commune. A l'aspect du magistrat, elle ne put dissi-
muler un sentiment de pénible anxiété. Cependant, rede-
venue aussitôt maîtresse d'elle-même, elle les salua, et attendit.

— Pardonnez-nous, madame, dit le juge après l'avoir
invitée à s'asseoir, pardonnez-nous de venir troubler votre
profonde et trop légitime douleur ; un devoir impérieux
pouvait seul nous y contraindre. Mais nous abrégerons autant
que nous le pourrons notre pénible mission, afin de vous
faire souffrir le moins possible.

— Parlez, messieurs, je suis prête à répondre à vos questions.

— Vous connaissez-vous, madame, à vous ou à votre mari,
un ennemi capable d'avoir commis l'odieux forfait dont
vous pleurez aujourd'hui les malheureuses victimes ?

— Non, messieurs.

— Vous ne soupçonnez personne ?

— Non, monsieur.

— Tâchez cependant de nous mettre un peu sur la voie ; nos recherches ont pour but de venger la société et les deux innocentes victimes qui ont succombé la nuit dernière.

— Messieurs, faites votre devoir ; mais, quant à moi, je ne sais rien, et je n'ai aucun désir de vengeance. C'est un soin que je laisse à Dieu, et je le prie de pardonner au coupable, comme je m'efforce de le faire moi-même.

— Ces sentiments, madame, nous touchent profondément, mais la justice a d'autres devoirs. Vous savez sans doute que quelqu'un est soupçonné ?

— Non, monsieur, je vous l'ai dit, je ne sais rien.

— Notre mission, madame, est bien pénible ; au milieu de toutes vos angoisses, nous sommes obligés encore de venir vous apporter une nouvelle douleur : la personne que nous soupçonnons, vous est unie par les liens de la parenté.

— Mon Dieu ! mon frère ! Messieurs, ce n'est pas lui ! Oh ! non, ce n'est pas lui ! il n'est pas capable d'avoir commis un tel crime ! Grâce, grâce pour lui ! Ayez pitié, messieurs !

— Madame, je ne vous ai pas dit que votre frère soit le coupable, mais des soupçons pèsent sur lui, et il est de notre devoir de rechercher la vérité. Soyez sans crainte; s'il est innocent, nous serons les premiers à lui rendre justice. Je n'ai plus qu'une prière à vous adresser. La loi veut que l'homme soupçonné soit mis en présence des victimes, nous serions désolés de vous forcer à être témoin d'une scène qui serait pour vous doublement cruelle, veuillez donc vous retirer dans un autre appartement pour quelques minutes.

Sur un signe du procureur, les servantes s'approchèrent de leur maîtresse, et la prirent doucement par les bras.

Céline sortit, soutenue par les deux pauvres filles, qui fondaient en larmes.

Bientôt, les gendarmes amenèrent l'inculpé. Les deux magistrats entrèrent dans la chambre mortuaire, et donnèrent l'ordre d'y introduire André.

— André Thévenot, lui dit le juge, voilà deux cadavres. Hier, à pareille heure, l'un était un homme robuste, devant lequel s'ouvrait une longue et belle existence ; l'autre, un petit être innocent, la joie, le bonheur et l'espoir d'une famille. Aujourd'hui les voilà étendus tous deux sur leur couche funèbre. André Thévenot, contemplez vos victimes !...

Le frère de Céline, dès son entrée, avait affecté une grande douleur, il poussait de profonds soupirs ; de temps en temps il essuyait une larme.

— Malheureux ! reprit le juge, en présence des restes inanimés de ceux dont vous avez volontairement occasionné la mort, vous n'avez qu'une manière de témoigner votre repentir, c'est d'avouer votre crime. Du reste, cet aveu n'ajoutera guère aux charges qui pèsent sur vous ; je vous en préviens, elles sont écrasantes.

— Messieurs, répondit André, je vous ai déjà dit que je suis innocent, je ne puis en faire plus. En présence de mon beau-frère que j'affectionnais sincèrement, malgré les quelques petits différends qui se sont élevés entre nous, en présence de cet enfant, innocent martyr, je jure que je ne suis pour rien dans leur mort. Si des charges pèsent sur moi, c'est que le malheur qui m'a toujours poursuivi veut encore m'accabler ; mais je ne crains rien, je compte sur la justice de mon pays. Et, en outre, je ne sais de quelles preuves vous voulez parler, puisque je vous ai démontré, au contraire, que pendant le temps où le crime a été commis, j'étais couché et privé de connaissance.

— Enfin, vous refusez d'avouer ? reprit M. Calvet.

— Certainement, je ne puis avouer un crime dont je suis innocent.

— Cela suffit. Ce n'est pas ici le lieu de discuter. Sortons ; gendarmes, reconduisez Thévenot à la mairie en attendant la décision de M. le procureur impérial.

Les deux magistrats se consultèrent un instant, et le résultat de leur délibération fut que la culpabilité d'André était assez clairement démontrée pour nécessiter son arrestation préventive. M. de Villers signa alors un mandat d'arrêt, et le remit au maréchal-des-logis.

Quand Thévenot eut connaissance de cet ordre, il fut comme atterré ; puis, il se récria, protestant de son innocence :

— J'ai prouvé, dit-il, que je ne suis pas coupable, et l'on m'arrête ! Je résisterai !

— Essayez un peu, répondit un des gendarmes en souriant.

— Je suis innocent !

— Je ne dis pas non.

— Alors, vous ne pouvez m'arrêter !

— C'est ce que nous allons voir, continua le gendarme sans rien perdre de son calme, mais en passant les chaînettes aux poignets du prévenu.

— C'est injuste ! c'est infâme ! c'est une vengeance personnelle !

— Tout ce que vous voudrez, mais vous allez marcher, et surtout pas de sottises, vous vous en repentiriez.

André, voyant qu'il n'avait rien à gagner en essayant de résister, se décida à suivre les agents de la force publique. Il traversa, en courbant la tête, la place du village encombrée de curieux ; tous les habitants étaient rangés sur son passage, et le malheureux, en jetant un rapide coup-d'œil sur tous ces visages, fut terrifié de n'y voir qu'une expression de mépris. Il était évident que l'opinion publique le condamnait déjà.

Une haine immense remplit son cœur, une ardente soif de vengeance s'empara de tout son être.

— Les imbéciles me croient déjà condamné !... Oh ! si je réussis à me faire acquitter, un jour ou l'autre ils me le paieront !...

Quelques heures après, les portes de la prison se refermaient sur lui.

Le lendemain de cette triste journée, deux cercueils sortaient de la ferme des Rosiers ; non-seulement tout le village avait tenu à donner aux victimes un dernier témoignage de sympathie, mais de tous les environs une multitude de personnes étaient venues augmenter le nombre des amis qui accompagnaient jusqu'à leur dernière demeure l'infortuné Jules Lefort et le pauvre petit enfant.

Il est une chose particulièrement triste, quand la mort est venue faucher une existence : c'est, pour ceux qui survivent à un être tendrement aimé, l'obligation de s'occuper bientôt des affaires d'intérêt, de la question d'héritage. N'est-ce pas un spectacle poignant, de voir se disputer les dépouilles d'une personne dont la terre vient à peine de recouvrir les derniers restes, surtout quand cette personne vous était chère à tous les titres ? C'est cependant une nécessité, et l'avidité de certains héritiers force quelquefois tous les autres membres d'une famille à apporter à ces tristes détails une précipitation qui froisse tous les sentiments d'une âme délicate.

Cette douleur fut néanmoins épargnée à Mme Lefort ; quelques jours seulement après les funérailles, elle reçut la visite de M. Barot, notaire à H...

M. Barot, après lui avoir dit la part qu'il prenait à son malheur, après avoir cherché à lui apporter quelques consolations, en vint au but de sa démarche.

— Madame, lui dit-il, les héritiers de feu votre mari désirent voir régler la succession. Quelque pénible que soit pour vous l'obligation de traiter ces questions, vous comprendrez sans doute qu'il est impossible de vous y soustraire plus longtemps.

— Je le comprends, monsieur.

— Mais, madame, mon devoir est de vous faire connaître vos droits. Comme il est parfaitement constaté que votre enfant a survécu à son père, c'est lui qui a hérité de toute sa fortune. D'après l'art. 753 du Code civil, livre III titre I des successions ainsi conçu :

« A défaut de frères ou sœurs, ou descendents d'eux, et à défaut d'ascendant dans l'une et l'autre ligne, la succession est déférée par moitié aux ascendants survivants, et, pour l'autre moitié, aux parents les plus proches de l'autre ligne. »

Vous héritez donc de la moitié de tous les biens, meubles et immeubles provenant de la succession de feu M. Lefort.

L'article suivant vous donne, en outre, droit à l'usufruit du tiers des biens auxquels vous ne succédez pas en propriété.

— Monsieur, répondit Céline, veuillez prendre jour avec la famille de mon mari ; je suis disposée à faire tout ce qu'il faudra.

Le notaire se retira, en lui promettant de faire connaître le lendemain la date qui serait fixée

Au jour dit, M. Barot arriva avec un certain nombre de personnes qu'il présenta à Céline comme étant les héritiers qu'il lui avait annoncés. Madame Lefort, qui les connaissait tous du reste, les reçut avec son affabilité ordinaire, tempérée seulement par sa profonde tristesse.

Le notaire, après avoir constaté les droits de chacun des héritiers présents :

— Maintenant, madame, dit-il, il nous faut d'abord procéder à l'inventaire de tous les objets meubles et immeubles délaissés par le défunt.

— C'est inutile, monsieur.

— Comment ! inutile ! madame, mais c'est indispensable !

— Je vous demande pardon, c'est inutile, et vous le reconnaîtrez tout à l'heure. Vous m'avez dit, n'est-il pas vrai, que j'entrais pour une part dans la succession ? c'est la chose qu'il faut d'abord établir.

— Certainement, madame, comme j'ai déjà eu l'honneur de vous le dire, vous héritez d'abord de la moitié de tous les biens. Ensuite, vous avez droit à la jouissance du tiers de l'autre moitié. Mais, pour l'établir votre part, il est nécessaire de faire d'abord un inventaire ; pour partager une propriété, il faut en connaître la quotité et la valeur.

— Pardon, M. Barot, veuillez me laisser continuer. Je désire savoir si ces messieurs, dit-elle en se tournant vers les héritiers, reconnaissent mes droits à cette part d'héritage.

— Parfaitement, madame, votre droit est indiscutable ; c'est la loi qui vous le reconnaît.

— Vous me l'avez déjà dit, mais je désire que ces messieurs en fassent eux-mêmes la déclaration.

Quand chacun des héritiers eut donné à Céline l'assurance qu'elle leur demandait :

— Maintenant, dit-elle, Messieurs, je vous remercie d'abord de m'avoir laissé quelques jours avant de venir réclamer ce qui vous appartient ici. Je vous en suis sincèrement reconnaissante.

— Ma chère Céline, dit l'un d'eux, le coup qui vous a frappé était si cruel...

— Merci, mon cousin. M. Barot, puis-je faire cession de la part que la loi m'accorde avant que le partage ait été opéré ?

— Très certainement, madame, vous pouvez donner, vendre ou louer votre part maintenant, puisqu'elle vous est acquise, mais telle qu'elle existera après le partage.

— Alors, monsieur, veuillez rédiger immédiatement un acte par lequel j'abandonne au profit des héritiers naturels de mon mari tous les droits que la loi m'accorde.

— Madame, s'écria le notaire peu habitué à un semblable désintéressement, réfléchissez...

— Céline ! dirent en même temps tous les héritiers. Céline, faites ce que je vous ai demandé, je vous prie.

— Madame, une si grande générosité...

— Céline, gardez au moins quelque chose, lui dirent tous ses parents.

— Non, Messieurs, pas une obole, je ne veux garder de

Jules que son souvenir, et quelques menus objets à son
usage personnel que vous ne me disputerez pas, je le sais.
Hors de là, rien, absolument rien...

M. Barot rédigea enfin l'acte demandé, on le signa de part
et d'autre, et le lendemain, François conduisait Céline à
Guinchamp... Il ne lui restait plus maintenant qu'à veiller
sur les derniers jours de celui qui lui avait servi de père.

VII

LA COUR D'ASSISES

L'affaire Thévenot s'instruisait.

Nous ne suivrons pas tous les détails de cette instruction ;
nous nous bornerons à dire qu'à la suite de nouvelles des-
centes de lieu, expertises, interrogatoires, confrontations et
le reste, la chambre des mises en accusations prononça un
jugement par lequel elle envoya André Thévenot devant la
Cour d'assises, comme prévenu d'homicide sur la personne
de son beau-frère et celle de son neveu.

Nous ne pouvons cependant passer sous silence un fait qui
eut lieu au cours de l'instruction.

André avait été mandé au parquet ; depuis deux heures, il luttait d'adresse avec M. de Villers pour ne pas
laisser échapper dans ses réponses un mot compromettant,
lorsqu'enfin poussé dans ses derniers retranchements, et
voyant les preuves écrasantes qui s'accumulaient contre lui,
il eut un moment l'espoir de tromper la justice en détour-
nant ses soupçons.

— Pourquoi donc, dit-il au procureur, voulez-vous toujours voir en moi le coupable ? Personne ne m'a vu, personne
ne m'a entendu, je n'ai jamais prononcé une menace contre
mon beau-frère ; tandis qu'il y en a...

— Vous connaissez des gens qui ont proféré des menaces contre M. Lefort?

— Les gens, non, mais un homme, oui. Le jour où ce pauvre beau-frère est parti pour faire ce petit voyage qui devait finir si malheureusement, j'étais le matin dans la cour de la ferme, et comme je m'étonnais qu'il n'eût pas pris le cheval dont il se servait habituellement, le valet de charrue me répondit: « Il a voulu prendre la vieille *Grise*, il s'en repentira; » et, comme je voulais le faire s'expliquer, il me répéta : « Je ne vous dit que cela, il s'en repentira. » Hé bien ! lui, on ne l'arrête pas, et moi, qui n'ai rien fait, rien dit, voilà deux mois que je suis en prison.

Cette déclaration amena une nouvelle enquête ; François fut cité au parquet, on interrogea ses compagnons de travail, les habitants du village ; mais, de tout cela, il résulta l'innocence plus qu'évidente du pauvre ouvrier, et il resta dans l'esprit des juges une charge de plus contre Thévenot.

Enfin, le gand jour des assises est arrivé. De bon matin, les abords de la salle d'audience sont littéralement assiégés. Quand les portes s'ouvrent, une foule d'étrangers se pressent pour trouver place. Tout le village de Brettigny est là ; pas un habitant, en dehors de ceux qui en sont matériellement empêchés, qui ne soit venu voir juger l'affaire Thévenot.

Un petit nombre seulement peuvent pénétrer dans l'enceinte réservée au public.

Après une heure d'attente, un huissier annonce : « La Cour. » Le président prend place, et donne ordre d'amener le prévenu.

Bientôt Thévenot paraît, escorté de deux gendarmes, et va s'asseoir au banc des accusés. Tous les yeux sont fixés sur lui, chacun est avide de voir ses traits. Dans la partie de la salle réservée au public, on se presse, on se pousse, on monte sur les bancs ; par trois fois, le président réclame le silence, et ne l'obtient que par la menace de faire évacuer la salle

Sauf une légère pâleur, la physionomie de l'accusé est toujours la même, il a toujours son regard patelin et sournois, faux et hypocrite ; il affecte une grande assurance, mais il faudrait être bien peu observateur pour ne pas découvrir une inquiétude mortelle cachée sous sa feinte tranquillité.

Le greffier, sur l'ordre du président, lit l'acte d'accusation qui ne renferme guère que les faits et les circonstances que nous connaissons déjà. On passe à l'audition des témoins.

L'un d'eux surtout attire l'attention et l'intérêt de tous : C'est l'infortunée veuve.

A son entrée, un profond silence se fait dans la salle, il est causé un peu par la curiosité, mais surtout par la pitié et la sympathie. Sa marche est chancelante, son visage pâle, est à demi caché sous une ample capeline, ses vêtements noirs font penser à la nuit profonde qui a envahi son âme...

— Madame, lui dit le président, je déplore la nécessité où je suis de vous faire comparaître ; mais la Cour et MM. les jurés comprenant tout ce que cette obligation a de pénible pour vous, je ne vous ferai que les questions absolument indispensables. Avez-vous des raisons de croire qu'André Thévenot soit coupable du crime commis dans la nuit du 18 août 1869 ?

— Non, monsieur, je ne pense pas. Messieurs, grâce pour mon frère ! il n'est pas coupable...

— Connaissez-vous une autre personne qui, dans votre pensée, ait pu être l'auteur du crime ?

— Non, monsieur, mais pitié, grâce, grâce pour mon frère !...

En disant ces mots, Céline retomba sur la chaise, elle était évanouie, et l'on dut l'emporter.

A ce moment, tous les regards se dirigèrent vers l'accusé, pas un muscle de son visage n'avait bougé, il vit emporter sa sœur sans exprimer la moindre douleur, la plus légère sympathie.

Après l'audition des autres témoins, dont les dépositions

ne firent que confirmer l'acte d'accusation, le Procureur impérial prit la parole.

— Monsieur le président, messieurs les jurés, je ne serai pas long, la cause est tellement claire, les preuves si évidentes, que vous ne pouvez hésiter un instant à déclarer cet homme coupable du crime atroce dont il est accusé.

Si, après l'acte d'accusation et les dépositions des témoins, vous pouviez avoir encore un doute, rappelez-vous son attitude en présence de sa sœur, de cette femme infortunée qui, oubliant un instant son immense douleur, laisse partir de son cœur un cri de grâce pour l'auteur de ses malheurs; vous en avez tous été profondément émus, et lui, le misérable, il est resté froid et indifférent, pas une larme n'est venue mouiller sa paupière, son cœur s'est montré aussi insensible que les dalles que vous foulez aux pieds.

Je pourrais vous faire remonter jusqu'à l'enfance d'André Thévenot, vous le montrer se faisant chasser de l'école pour son insubordination, sa paresse, sa précoce dépravation. Dès son jeune âge, on découvre en lui les mauvais instincts qui devaient le conduire jusque sur ce banc d'infamie.

Arrivé à l'âge viril, ses défauts sont devenus des vices; vous avez entendu les témoins vous dire que c'était un paresseux, un ivrogne, un homme sur la parole duquel on ne pouvait compter, un homme sans mœurs, et cela devait être car André Thévenot est un homme sans Dieu.

Oui, voilà, messieurs, la cause de tous ses vices : l'homme sans foi, sans religion, deviendra facilement criminel si les circonstances l'y conduisent et si la tentation le pousse. Quand on n'a plus la crainte salutaire de Dieu, on arrive à n'avoir plus que celle des gendarmes, et les gendarmes, on espère, à force de précautions, tromper leur vigilance. Alors, la question de bien et de mal devient une question de plus ou moins d'adresse, on ne se croit plus coupable que si l'on a été assez maladroit pour laisser des preuves derrière soi.

Mais le souverain Maître qui ne permet pas que le crime

reste impuni, même ici-bas, se plaît à déjouer ces calculs ; la justice humaine, que le criminel a cru un instant pouvoir tromper, est sur ses traces ; les précautions mêmes qu'il a si adroitement combinées pour défier les recherches, ces précautions, dis-je, vont le trahir, elles se dressent devant lui comme des preuves irréfragables.

L'acte d'accusation nous a montré André Thévenot préparant son crime ; la veille, il avait su que Jules Lefort devait, avec sa femme et son enfant, aller passer la journée à Guinchamp.

Le matin, il était de bonne heure dans la cour de la ferme, il constate que son beau-frère n'a pas pris le cheval dont il se sert habituellement, qu'il en a préféré un plus sûr ; on lui dit qu'avec ce cheval il a l'intention de prendre un chemin de traverse qui raccourcit la distance. Alors il quitte les Rosiers, il est satisfait, son plan est arrêté, il est certain de la route que vont prendre ses victimes, il peut tendre ses piéges.

Vous l'avez vu, de là, se rendant au cabaret : il y boit toute la journée. Dès ce moment, il se prépare un alibi. Vers cinq heures, il se couche sur le bord d'une table, se laisse tomber sur le carreau, on le croit ivre-mort, on le porte sur un lit, mais il sait que la maison ne renferme qu'une chambre, vacante, que cette chambre a une fenêtre donnant sur la cour, que sous cette fenêtre existe un tas de décombres qui permet d'en descendre et d'y remonter avec la plus grande facilité.

On le couche donc, on le laisse cuver à loisir les liquides dont il s'est abreuvé à outrance.

... La nuit est venue, les buveurs sont tous sortis ; alors, le voyez-vous se lever sur son séant ?... Il écoute, et n'entend plus aucun bruit... Il va à la fenêtre, l'ouvre avec précaution, regarde dans la cour... Tout est désert, tout est silencieux..., il enjambe l'appui, se laisse glisser sur les pierres... le voilà dehors.

Les témoins, messieurs, vous ont expliqué la disposition

des lieux ; de cette cour qui n'est pas fermée, on gagne des
prairies ; puis, par un chemin fréquenté seulement le jour
par les ouvriers des champs, on arrive au bois de Montvert.
André va d'abord à la hutte des bûcherons, y prend les outils qui lui sont nécessaires pour accomplir son infâme dessein, et se dirige en toute hâte vers la descente de la route.
Là, après avoir choisi l'endroit le plus dangereux déjà par
lui-même, il agrandit et élargit sa tranchée jusqu'à ce qu'elle
lui paraisse suffisante pour lui offrir la certitude de provoquer un accident terrible. Oh ! sans doute, ce travail ne s'est
pas accompli sans qu'il se soit arrêté vingt fois pour écou-
ter si personne n'approchait ; vingt fois, un bruit insolite, la
chute d'une feuille, le sifflement du vent dans les arbres, le
le bruit de son propre travail, ont interrompu son œuvre
infernale ; vingt fois, il a cherché à sonder de l'œil la mysté-
rieuse obscurité de la forêt, pour s'assurer qu'un témoin invisible n'est pas là pour dire le lendemain : « Le coupable
c'est André Thévenot. »

Et cependant vous en aviez des témoins en ce moment,
mais vous ne les avez pas vus. Vous aviez pour témoins votre conscience, vous aviez pour témoin l'œil de Dieu, de ce
Dieu souverainement juste qui n'a pas permis que l'auteur
d'un tel forfait demeurât inconnu, et qui ne permettra pas
qu'il échappe au trop juste châtiment de son crime ; vous
aviez enfin pour témoin la conscience publique, qui, aussitôt le crime connu, a dit de vous, comme le prophète du roi
impie : *Tu es ille vir.* Le coupable, c'est André Thévenot.

Enfin, le misérable est interrompu dans son œuvre infernale par le bruit d'une voiture qui s'approche : « Ce sont
eux ! » se dit-il. Et il se cache dans le bois ; là, il est témoin de la chute du cheval, il voit tomber Jules Lefort, il
entend les cris d'angoisse de sa sœur ; mais son cœur de
bronze est insensible, il la voit poser son enfant sur la berge, relever le cheval qui va retomber sur la pauvre petite
créature, et la broyer sous ce choc terrible. Immobile et caché dans l'ombre, il suit d'un œil féroce la malheureuse

mère bondissant du cadavre de son mari à celui de son fils il la voit le relever et s'évanouir de douleur.

Alors, il est satisfait, ses infâmes projets ont réussi, il peut s'en retourner. Il rentre par la lucarne qui déjà lui a donné passage, referme la fenêtre avec les mêmes précautions qu'il a prises à son départ ; et, le lendemain, quand la cabaretière vient lui annoncer la terrible catastrophe, il simule encore l'ivresse.

Ici, Thévenot, votre prudence même vous a trompé, vous avez été trop loin, vous avez oublié que douze heures de sommeil suffisent pour rendre l'usage de la raison à l'homme le plus ivre, et votre précaution ne prouve qu'une chose que vous teniez à établir un alibi dont vous aviez besoin.

Mais, si vous avez dormi si profondément pendant vingt-et-une heures, comment se fait-il que vous ayez ouvert la fenêtre de votre chambre ? Il est établi qu'elle était fermée depuis plus de trois mois, et nous avons prouvé par la présence de toiles d'araignées fraîchement déchirées, qu'on avait dû l'ouvrir dans la nuit. Comment se fait-il que la poussière qui recouvrait l'accoudoir et le rebord extérieur, ait été enlevée dans le milieu tandis qu'elle était intacte sur les côtés, si ce n'est par vos vêtements dont le frottement l'a essuyée au moment de votre passage ?

Il est donc évident que, pendant cette nuit, un homme est sorti par cette issue ; c'est homme, c'est vous.

Tout le prouve, jusqu'aux soupçons que vous avez cherché à faire planer sur un honnête et laborieux ouvrier.

Messieurs les jurés, ne craignez pas de rendre un verdict affirmatif, la conscience publique, profondément émue, le réclame ; l'intérêt qu'inspirent les victimes, l'honnêteté, la probité reconnue de M. Lefort, l'innocence et la faiblesse de son jeune enfant, ont vivement émotionné le pays, et le pays tout entier réclame et attend de vous une rigoureuse et impitoyable justice.

Le procureur impérial ayant terminé son discours, le président des assises donna la parole à Mᵉ Tarasse, l'avocat du prévenu.

Quoique jeune encore, Mᵉ Tarasse avait déjà su conquérir une certaine célébrité. C'était un petit homme gros et gras, au visage frais et coloré encadré dans d'abondantes boucles de cheveux noirs. Entre deux larges favoris, une bouche perpétuellement souriante surmontait un menton à deux étages toujours soigneusement rasé. Pour achever de peindre Mᵉ Tarasse, ajoutez à tout cela des opinions ultra-républicaines. On peut, du reste, faire la remarque que les avocats ont souvent de la vogue en raison de la nuance plus ou moins foncée de leurs opinions.

Après s'être levé lentement, majestueusement, comme un homme certain de sa valeur, il se découvre, pose sa toque sur le pupitre, tousse deux ou trois fois, et commence d'une voix sonore et criarde :

Messieurs les jurés, le réquisitoire de M. le procureur impérial rend ma tâche bien difficile d'une part, bien facile de l'autre. Si je devais m'élever à la hauteur de son éloquence, j'avoue, messieurs, que j'aurais grande crainte de succomber dans la lutte, aussi réclamerai-je toute votre indulgence sous ce rapport. Mais, si j'éprouve de ce côté de grandes difficultés, du côté de la défense de mon client je trouve la chose tellement facile que je me demande comment il est encore sur ce banc d'infamie, comment même il y est venu.

Je ne suivrai pas le ministère public dans sa revue rétrospective remontant jusqu'à l'école, et pourquoi pas jusqu'au catéchisme ? Si tous ceux qui ont été renvoyés d'une école ou d'un catéchisme étaient forcément par la suite des scélérats, vous m'avouerez que le nombre en serait bien considérable. Peut-être même que plusieurs de ceux qui siègent ici, soit comme magistrats, soit comme jurés, pourraient nous fournir la preuve qu'il est très possible d'avoir été assez mauvais écolier et de devenir plus tard un excellent citoyen, voir un très digne magistrat.

— Maître Tarasse, interrompt le président, veuillez vous

abstenir, soit envers la Cour, soit envers MM. les jurés, de comparaisons peu convenables.

— M. le président. je prends note de votre observation, et à l'avenir je dirai qu'il est impossible qu'un magistrat, ni même un membre du jury, ait jamais été renvoyé de l'école.

— Maître Tarasse, si vous ne vous renfermez pas dans la défense du prévenu, je serai forcé de vous retirer la parole.

— M. le président, je rentre immédiatement dans la défense.

J'ai dit que je ne comprenais pas la présence de mon client sur ce banc d'infamie ; en effet, quand on traduit un homme honorable devant une Cour d'assises, il faut avoir contre cet homme des preuves tellement évidentes qu'il lui soit impossible de nier son crime. Je ne dis pas que mon client soit innocent, je n'en sais rien ; il me l'a dit, il me l'a juré, mais, comme je sais aussi bien que vous que tout accusé a intérêt à nier autant qu'il le peut, je dis que je n'en sais rien, et vous allez le dire comme moi.

Je m'explique :

Un crime a été commis, des victimes intéressantes ont succombé, on recherche le coupable, on n'en trouve pas d'abord. Cependant, il faut une répression, on cherche encore, voilà que l'on découvre un homme qui n'était pas très ami de la victime, qui peut même bénéficier de sa mort, et l'on dit aussitôt : c'est lui, *tu es ille vir*, ce sont les propres paroles de M. le procureur impérial.

Soit, c'est lui. Mais prouvez-le ; il ne suffit pas que vous le pensiez, il ne suffit pas de l'affirmer, il faut le prouver.

Ce que vous nous donnez comme preuves, ne sont que des preuves négatives, et, partant, de nulle valeur.

Mon client a établi son alibi, il a démontré que, la veille, depuis cinq heures jusqu'au lendemain à deux heures, il a été couché et privé de sentiment pour une cause qui n'est pas très noble, nous l'avouons, mais là n'est pas la question.

Ici, le ministère public affirme que nous avons menti, qu'après douze heures de sommeil, l'homme le plus ivre a

recouvré l'usage de la raison ; je veux bien admettre que ce
soit le plus ordinaire, mais que cela soit toujours vrai, et
par conséquent nécessairement vrai pour mon client, je le
nie de la façon la plus formelle, et j'en appelle au témoignage
de la science. Je pourrais vous citer plusieurs auteurs cons-
tatant des cas d'ivresse dans lesquels le sujet est resté qua-
rante-huit heures, et même trois jours, sans recouvrer connaissance.

Notre alibi est donc indiscutable. Maintenant, ce voyage
nocturne que l'accusation nous fait faire, sur quelle preuve
s'appuie-t-il ? Quelqu'un nous a-t-il vu ? Avez-vous suivi nos
traces ?

On nous dit : vous avez pu simuler l'ivresse, vous avez pu
passer par une fenêtre, vous avez pu aller au bois de Monvert, vous avez pu vous diriger vers la cabane des bûcherons, y prendre des outils et le reste ; et l'on fait de tout
cela un discours très émouvant, très pathétique. Mais c'est
évident que nous avons pu ceci, que nous avons pu cela.
L'avons-nous fait ? voilà la question, et voilà ce que vous n'a-
vez pas établi, ce que vous ne pourrez jamais établir.

Quand je dis que le ministère public n'a formulé contre
nous que des allégations, je me trompe ; il nous apporte
deux preuves positives, examinons-les :

L'une c'est la poussière effacée sur l'appui d'une fenêtre ;
pardonnez-moi l'expression, mais cette preuve basée sur la
poussière est bien légère.

Ensuite, ce sont deux toiles d'araignées qui viennent témoigner contre nous, avouez que ces toiles aussi sont bien
fragiles.

Ainsi, les témoignages les plus écrasants pour nous se
bornent à un peu de poussière d'une part, et à deux toiles
d'araignées de l'autre. Vous verrez, messieurs, qu'il nous suf-
fira de souffler sur ces témoins pour qu'il n'en reste rien.

Voici comment nous expliquons des faits :

Mon client, au moment où il se leva, s'aperçut que ses
vêtements étaient maculés par suite de la position insolite

qu'il avait prise la veille, au moment où on l'avait ramassé gisant à terre. Or, vous admettrez qu'André Thévenot possède comme tout homme bien élevé ce sentiment qui fait que l'on a honte de paraître avec des habillements souillés, surtout quand ces souillures ont une origine peu honorable. Donc, après s'être levé, il ouvrit sa fenêtre, et secoua ses vêtements sur l'appui. Vous voyez, messieurs, qu'il ne fallait pas aller si loin pour expliquer la disparition de quelques grains de poussière et de deux toiles d'araignées.

Voyons maintenant, dans l'accusation, quels sont les faits acquis, incontestables. Il y en a deux :

Une tranchée a été ouverte en travers d'une voie de communication ; cette tranchée, par sa position et ses dimensions, devait occasionner pour ceux qui suivraient ce chemin un accident très grave ; cela est évident, c'est indéniable. Nous accordons même à l'accusation que cette tranchée a été faite dans un mauvais dessein, avec l'intention de nuire à quelqu'un qu'on supposait devoir passer, et passer la nuit à la descente du bois de Monvert, descente déjà dangereuse par elle-même.

Le second fait est la découverte d'une pelle et d'une pioche, trouvées à quelque pas de là, dans le taillis, pelle et pioche reconnues par les cantonniers pour leur appartenir, et leur avoir été dérobées dans la hutte des bûcherons.

Ce second fait est d'une bien faible importance, car il est bien évident que le fossé n'eût pu être exécuté sans l'aide de ces instruments, et comme ils étaient remisés dans un endroit où leur existence n'était un secret pour personne, tout homme du pays aurait pu en avoir fait usage.

Ainsi, tout ce qu'il y a de positif dans l'accusation se résume à l'existence de la tranchée devenue un instrument de mort.

Ici, je demanderai au ministère public : pourquoi les recherches se sont-elles concentrées sur les ennemis de M. Lefort, ou au moins sur les personnes supposées lui être peu sympathiques ? Mais M. Lefort n'était pas le seul qui pût avoir à passer par le bois de Montvert pendant la funeste nuit du 10 août. Nous pouvons donc supposer que cette infortunée famille, par une erreur malheureusement trop commune, est tombée dans une embûche préparée pour d'autres voyagurs.

Non-seulement je dis que nous avons le droit de le supposer, je dis encore que ma version est la plus probable ; car celui qui aurait eu la coupable pensée d'attenter aux jours de M. Lefort, n'aurait jamais pu croire que celui-ci, étant accompagné de sa femme et de son jeune enfant, se serait attardé assez pour lui permettre d'exécuter son coupable travail, qui ne pouvait se faire que la nuit complètement venue.

En résumé, messieurs les jurés, que reste-t-il de ce monument si pompeusement élevé contre nous, de ces prodiges d'éloquence ? Rien... absolument rien, il n'en reste même pas assez pour attacher la toile d'araignée qui devait nous envelopper, il n'en reste pas même le grain de poussière qui devait nous foudroyer. Aussi, je ne doute pas que vous ne répondiez par un vote négatif à toutes les questions qui vont vous être adressées. »

Pendant toute cette plaidoirie, que Thévenot avait suivie avec la plus grande attention, on n'aurait pu découvrir sur ses traits aucun signe d'émotion ; seulement, quand son avocat eut fini de parler, un léger sourire vint effleurer ses lèvres.

Le président, après avoir résumé les débats, posa aux jurés les questions suivantes :

1° André Thévenot est-il coupable d'avoir, dans la nuit du 10 août 1869, creusé une tranchée en travers de la route qui traverse le bois de Monvert, dans le dessein de provoquer l'accident qui est arrivé aux époux Lefort ?

2° André Thévenot est-il coupable d'avoir en creusant une tranchée, occasionné la mort de M. Jules Lefort et de son fils ?

3° André Thévenot est-il coupable de préméditation dans l'attentat ci-dessus mentionné ?

Les jurés se retirèrent dans la salle de délibérations.

La foule avait écouté les débats avec la plus grande attention et dans le plus profond silence ; mais, pendant la suspension de la séance, des bruits de voix s'élevèrent dans toute la salle, de toutes parts, des discussions s'engagèrent, sur la culpabilité ou l'innocence du prévenu, chacun commenta à sa manière les dépositions des témoins, le réquisitoire et les plaidoiries.

Mais voici que l'huissier de service annonce la rentrée de la Cour, les jurés reviennent un à un, et vont reprendre leurs places ; un silence solennel règne de nouveau, tous les yeux sont tournés vers le président du jury, on cherche à deviner le résultat des délibérations, la foule est anxieuse, les respirations suspendues.

Le président des assises invite le président du jury à faire connaître le verdict. Celui-ci se lève alors, et lentement prononce ces paroles :

— Sur mon honneur et ma conscience, devant Dieu et devant les hommes, la réponse du jury est :

Sur la première question, non.

Sur la deuxième, non.

Sur la troisième, non.

Quand la foule croit à l'innocence d'un accusé, et qu'elle entend prononcer un verdict d'acquittement, un sentiment de joie et de satisfaction éclate instinctivement chez elle. Quand, au contraire, c'est une condamnation même contre un homme qui lui est peu sympathique, on la voit se retirer morne et silencieuse. Dans la cause présente, elle avait deviné d'avance le verdict, parce qu'elle sentait bien, après le plaidoyer de l'avocat, que les preuves n'étaient pas suffisamment établies. Cependant, un intime sentiment de justice, joint à un sens droit de la vérité, ne lui permettait pas de douter de la culpabilité, et ce fut avec une impression pénible qu'elle entendit le président dire à l'accusé :

— En vertu de la décision du jury, André Thévenot, vous êtes libre.

André, sans rien changer à son attitude fausse et hypocrite, répondit seulement :

— Je vous remercie, Monsieur le président ; je savais bien que l'on ne pouvait pas me condamner, je comptais sur la justice de mon pays.

. . . .

La commune de Brettigny avait été bien agitée pendant trois mois, par l'affaire Thévenot ; mais, après le jugement, elle avait repris sa physionomie accoutumée. Cependant on parlait encore d'André dans bien des maisons ; les uns, et c'était le petit nombre, trouvaient que l'on avait eu raison de l'acquitter, les preuves n'étant pas suffisantes, mais l'immense majorité des habitants ne comprenait pas qu'un pareil crime restât impuni.

Du reste, on ne savait ce qu'André était devenu, on ne l'avait pas revu, et on ne pensait pas le revoir. Personne ne croyait qu'il eût l'audace de paraître encore dans le pays, quand, un jour, il fit son entrée au *Bon Laboureur*.

Les deux ou trois buveurs qui s'y trouvaient furent tellement stupéfaits, qu'ils restèrent un instant muets ; puis, l'un d'un côté, l'autre de l'autre, chacun disparut.

André s'adressa à la cabaretière, se plaignant que l'on eût si peu d'égards pour la chose jugée.

— Puisque j'ai été acquitté, c'est que je suis innocent, répéta-t-il plusieurs fois.

Puis, changeant de thèse :

— Comment va Céline ? demanda-t-il ? Elle doit être bien seule aux Rosiers. Comment peut-elle diriger une exploitation aussi considérable ?

— Hé quoi ! vous ne savez pas ? fit Madame Rousseau.

— Qu'est-ce que je ne sais pas ?

— Madame Lefort, votre sœur…

— Eh bien !

— Quoi ! vous ne savez rien ?

— Vous le voyez bien. Qu'a fait ma sœur ?

— Si vous ne le savez pas, je vais vous le dire. Elle n'est plus aux Rosiers.

— Où est-elle ?

— A Guinchamp.

— Depuis ?...

— Depuis huit jours après le c... après la mort de Monsieur Lefort.

— Et doit-elle y rester longtemps ?

— Toujours.

— Toujours ! Et sa ferme ?

— Elle ne l'a plus.

— Elle ne l'a plus ! Mais vous perdez la tête ?

— Pas du tout, je vas vous dire ; quand M. Barot, le notaire, est venu pour faire le partage entre les héritiers, Mme Lefort a dit qu'elle ne voulait rien garder de la succession de défunt son mari. M. Barot, à ce qu'il paraît, lui a dit qu'elle avait tort ; rien n'y a fait, elle n'a pas seulement voulu garder un fétu de paille.

A ces mots, André resta atterré ; de son crime, il lui restait le remords, mais le résultat qui pendant un certain temps avait brillé à ses yeux, s'évanouissait... Les Rosiers, quoi qu'il pût faire maintenant, ne seraient jamais à lui...

— Malédiction ! se dit-il. Malédiction ! j'avais si bien réussi jusqu'à ce jour, et un caprice de cette femme me ravit le prix de mes efforts !... Céline, tu as appris que je sais me venger, mais tu ne sais pas encore tout ce dont je suis capable...

Puis, s'adressant de nouveau à la cabaretière :

— Hors de là, il n'y a rien de nouveau dans le pays ?

— Pas grand'chose... Ah ! j'oubliais : votre oncle Jérôme est mort, et on dit qu'il a tout laissé à votre sœur.

— Mon oncle est mort ! et l'on ne m'a pas même fait prévenir !

Il resta quelque temps absorbé dans ses pensées, et, sans rien ajouter, sortit du cabaret.

L'accueil qu'il avait reçu à Bretligny des quelques habi-

tants qu'il avait rencontrés ne lui avait pas donné l'envie d'y
rester longtemps ; aussi le retrouvons-nous le lendemain
dans le cabinet de consultation de l'avocat Tarasse.

Après l'avoir remercié pour son habile et heureuse défense :

— Aujourd'hui, ajouta-t-il, je viens vous demander vos
conseils à propos d'un nouveau malheur qui vient de me
frapper ; mon oncle, M. Jérôme Duret, est mort pendant
que j'étais en prévention. Ma sœur, Madame Lefort, lui a
fait faire un testament par lequel elle est instituée légataire
universelle à mon détriment.

— Eh bien ! mon cher, répondit l'avocat nous attaquerons
le testament en nullité. Si les choses se sont passées comme
vous le dites, il nous sera bien aisé de prouver qu'il y a eu
captation.

— C'était aussi ma pensée, mais je vous avouerai que je
crains beaucoup de paraître en ce moment devant le tribunal. Les juges ne me semblent pas très bien disposés en ma
faveur, et je ne sais...

— Bah ! si vous perdez ici, nous en appellerons ; ensuite
vous devez comprendre que quand je vous donne le conseil
d'attaquer le testament, ce n'est qu'après avoir essayé les
moyens de conciliation, les moyens moraux ; vous devez
penser que Madame Lefort ne doit pas plus que vous désirer
figurer en justice. En la menaçant donc d'une instance, vous
avez cent à parier contre un qu'elle vous donnera votre part.

— Vous avez raison ; j'espère que les moyens moraux
pourront me suffire ; dans le cas contraire, je suivrai votre
premier avis.

En sortant du cabinet de M. Tarasse, André prit la route
de Guinchamp. Après s'être donné du courage en faisant
plusieurs stations dans divers cabarets, il entra chez sa sœur.
A son aspect, Céline recula.

— Malheureux ! que viens-tu faire ici ?

— Ah ! ça, ma sœur, vous avez une singulière manière de
recevoir votre frère.

Et comme Céline ne répondait pas, il ajouta :

— Vous savez bien que je suis innocent, puisque le tribunal m'a acquitté.

— André, lui répondit Céline d'une voix solennelle, fasse le Ciel que Dieu ratifie la sentence des hommes !

Le misérable hésita un instant, puis reprenant son audace :

— C'est comme cela que vous respectez les décisions de la justice, vous. Prenez garde, moi, j'ai aussi à me plaindre de vous ; par une sottise qui n'a pas de nom, vous avez stupidement renoncé à la fortune dont la mort de votre mari vous avait rendue propriétaire.

— Ne me parlez pas de cet argent, s'écria Céline ; il était taché de sang...

— Cela m'est bien égal. Mais je connais votre motif, vous n'avez pas voulu qu'après vous je puisse hériter à mon tour.

— Non, malheureux, pour rien au monde je n'aurais pu supporter l'idée de vous laisser, un jour, ne fût-ce qu'une obole de cette fortune.

— Merci, ma sœur, c'est là une preuve de votre affection ; c'est sans doute aussi par affection pour moi que vous avez tant travaillé notre pauvre oncle qu'il vous a légué tout son héritage, tandis que moi, qui suis déjà si malheureux, je suis frustré de ce qui devait légitimement m'appartenir ; et, pour arriver à ce but, vous avez profité de ce que j'étais en prison, et dans l'impossibilité de parer vos coups ! J'attaquerai le testament, je vous en préviens, je ne suis pas décidé à me laisser jouer à ce point.

— André, je laisse de côté vos soupçons injurieux, et je vais vous prouver tout de suite qu'il vous sera inutile de plaider ..

— C'est ce que nous verrons.

— C'est ce que vous verrez, en effet, dans un instant Mon oncle Jérôme m'a instituée sa légataire universelle ; mais, comme je ne voulais pas que vous pussiez m'accuser de vous avoir fait tort, j'ai chargé M. Barot de faire deux parts égales de tout ce qu'a laissé mon pauvre oncle. Vous n'avez qu'à vous rendre à son étude, aujourd'hui même, il vous remettra ce qui vous revient.

A ces mots, le hideux visage du monstre s'était épanoui, oubliant tout le reste, il ne pensait plus qu'à une chose : l'argent, toucher cet argent, le toucher immédiatement !

Déjà, il se préparait à sortir pour se rendre en toute hâte à l'étude de Me Barot, quand sa sœur le retint.

— Cependant..., dit-elle.

— Ah ! il y a un cependant ?

Cette cession étant toute volontaire de ma part, j'ai le droit d'y mettre des conditions.

— C'est à dire ?... balbutia André.

— Laissez-moi parler.

— N'essayez pas de me tromper, c'est parce que vous saviez que le testament était sans valeur que vous avez voulu vous donner l'apparence de me faire une grâce.

— Je sais que le testament est parfaitement valable, aucun tribunal ne pourrait le casser, et, encore une fois, comme la cession est parfaitement libre, j'y mets une condition.

— Laquelle ?

— Quand Me Barot vous aura remis ce que je vous cède, vous quitterez le pays, pour n'y plus revenir.

— Je n'en attendais pas moins de votre bon cœur, ma chère sœur ; soyez sans crainte : si vous éprouvez un vif désir de ne plus me voir, je vous déclare que ce sentiment est largement partagé par votre frère. Adieu donc, ma sœur !

Et il sortit en murmurant :

— C'est bon ! Mais, un jour ou l'autre, tu te souviendras de la ferme des Rosiers !

FIN DE LA PREMIÈRE PARTIE

DEUXIÈME PARTIE

L'EXPIATION

I

FOURNISSEUR DE L'ARMÉE

Nous étions en guerre avec la Prusse. Les défaites de For-bach et de Reischoffen, en nous frappant d'une profonde douleur, ne nous avaient cependant pas encore enlevé la confiance ; nous avions été vaincus, mais nous comptions sur une éclatante revanche ; nous espérions tout de l'armée de Mac-Mahon qui, partant de Châlons, marchait vers la Meuse. Chaque matin, nous attendions la nouvelle d'un triomphe. Pour chaque Français, le prochain combat ne pouvait être qu'une grande victoire.

Tout-à-coup, un immense cri de douleur parcourt la France entière avec la rapidité de l'éclair. Notre armée est écrasée dans une immense défaite, l'empereur est prisonnier avec quarante mille hommes. Oh ! jamais nous n'oublierons l'angoisse poignante que cette horrible journée nous fit éprouver à tous.

On n'y voulait pas croire, ce n'est pas possible disait-on, 40,000 français ne se rendent pas ; c'est officiel soutenaient quelques-uns, je n'y croirai pas affirmaient le plus grand nombre.

Et le lendemain notre malheur était confirmé ; le désastre de Sedan n'était que trop réel.., mais le même télégramme nous annonçait une autre nouvelle : Le gouvernement est renversé, la République est proclamée...

L'ère impériale commencée dans le sang finissait dans la honte. La France, profondément dégoûtée de cet aventurier qui, après l'avoir conduite à sa perte, préféra la honte à une mort glorieuse, ne vit dans sa chute que le trop juste châtiment de ses fautes.

L'empire, en succombant, nous laissait en présence d'un ennemi puissant et maître de sept à huit départements, sans organisation, sans armes, et presque sans armées. Pour remédier à tous ces maux, Paris se hâta de proclamer la République... Il est vrai que la République ne nous donnait ni argent, ni soldats, ni administrateurs capables.

Ce fut alors qu'une douzaine d'avocats dont le plus grand mérite était un immense orgueil, se donnèrent la mission de sauver la France ; profitant de l'horrible situation où nous étions jetés, ils se firent proclamer nos maîtres par quelques centaines de braillards avinés ; sous le titre pompeux de « gouvernement de la défense nationale. »

Comme je ne fais pas ici un travail historique, je n'en dirai pas davantage sur un gouvernement qui est aujourd'hui apprécié à sa juste valeur, et dont presque tous les membres sont tombés dans le plus complet discrédit, même aux yeux de ceux qui furent leurs plus chauds partisans.

Mais il est un souvenir qu'on ne saurait trop rappeler :

A entendre les tribuns du parti républicain, eux seuls aimaient véritablement la patrie, eux seuls savaient se dévouer. Ils parlaient très haut des dangers auxquels ils s'exposaient, dangers purement moraux bien entendu ; car, pendant que ceux qui loin de mettre la République au-dessus de la France, plaçaient le salut de la patrie avant leurs sympathies les plus profondes ; pendant que ceux qui ne se disaient pas républicains, remplissaient les armées ; pendant que MM. de Dampierre, le duc de Luynes, le marquis de Coriolis, et tant d'autres, donnaient leur vie sur le champ de bataille, les chefs républicains se tenaient en sûreté loin de l'ennemi, habitaient de somptueuses demeures, touchaient de magnifiques appointements, et déployaient leur patriotisme en envoyant les autres à la mort.

Non, ceux que l'on a appelé les *outranciers*, sans doute parce qu'ils poussent jusque dans ses dernières limites la recherche des emplois lucratifs et nullement dangereux ; non, mille fois non, ceux-là n'ont pas eu le privilége du patriotisme ; tous ceux qui sentaient battre dans leur poitrine un cœur français, désiraient autant qu'eux le salut de la patrie, tous étaient prêts au sacrifice de leur vie pour repousser loin du sol sacré les barbares que les folies impériales avaient attirés.

La pensée de la résistance, et de la résistance quand même, n'a rien à faire avec l'idée républicaine, elle fut un instant la pensée de tous.

Hélas ! nous ne savions pas quelle était l'étendue de nos désastres, nous ne connaissions pas le dénûment absolu de toutes ressources dans lequel nous avaient laissés les incapables de l'empire ; et la plus grande faute des non moins incapables de la République du 4 septembre fut de croire, dans leur orgueilleuse ignorance, qu'ils n'auraient qu'à frapper la terre du pied pour faire jaillir des armées, qu'ils n'avaient qu'à prononcer de beaux discours et de pompeuses déclarations pour mettre en fuite les Allemands.

Bientôt, l'exemple donné par la douzaine de vantards qui s'étaient emparés du pouvoir fut suivi par tous les hâbleurs du second ordre. On vit surgir de toutes parts des hommes qui allaient sauver la France, et qui, pour arriver à ce noble but, commencèrent par s'emparer de tous les postes avantageux, de toutes les bonnes places, selon l'expression populaire. Alors que nous avions perdu presque tous nos officiers et nos généraux, nous nous trouvions tout à coup en avoir de reste. Malheureusement nous avons trop appris ce que valaient la plupart d'entre eux.

Je ne veux pas néanmoins attaquer ici ceux qui essayèrent de combattre. A part quelques individualités regrettables, nos généraux et nos officiers improvisés, mobiles ou autres, firent noblement leur devoir ; le manque d'organisation fut la principale cause du peu de résultats de leurs efforts ; mais on pourrait citer par milliers des traits de dévouement et de bravoure personnelle, dignes de meilleurs temps et surtout d'un meilleur succès.

Ceux que nous voulons flétrir, ce sont ces vantards, ces avocats de cabarets qui allaient tout pourfendre, qui, au nom de Sainte République, dont ils se disaient les fidèles dévôts, réclamaient pour eux les positions les plus sûres. Qui pourra jamais dire combien, pendant cette lamentable époque, les bureaux de l'habillement et de l'intendance furent recherchés, demandés, assiégés ? Combien n'en avons-nous pas connu de ces braves, qui, dès le 4 septembre, ne sortaient qu'un grand sabre au côté, et qui, pendant toute la durée de la guerre, se sont sacrifiés pour la patrie, en restant dans les bureaux ? Et le soir, au café ou dans les réunions publiques, il fallait les entendre, ces braves ! Les fatigues, les privations, les souffrances, la mort même, qu'était-ce que tout cela en présence des maux de la patrie, etc., etc. Le pays tout entier doit se lever comme un seul homme. Que l'on prenne des fusils de chasse, des fourches, des bâtons même pour courir à l'ennemi... Nous n'avons pas d'armes, suppléons-y par le nombre ; que tout le monde marche, il en mourra cent mille, deux cent, trois cent, quatre cent mille, mais la France sera sauvée.

Et ce disant, ces héros allaient bravement se coucher, et rêvaient, sous leurs chaudes couvertures, qu'ils remportaient d'immenses victoires, qu'au seul son de leurs voix des myriades d'allemands fuyaient en désordre ou se jetaient à leurs genoux pour demander grâce.

Et le lendemain, ils rentraient à leur bureau avec des airs de triomphateurs, pour recommencer leurs campagnes entre un verre d'absinthe et un mazagran. Et ce qu'il y a de plus incroyable, bon nombre d'entre eux se prenaient au sérieux.

Mais, à coup sûr, ceux qui tiraient mieux leur profit personnel des malheurs publics, c'étaient les fournisseurs de l'armée. Qui pourra jamais dire les convoitises qu'excitèrent ces grands marchés qui se passaient tous les jours, pour l'armement, l'équipement, la nourriture de ces armées qu'on essayait de former un peu partout ? Quelle curée, pour tous ces commerçants véreux, ces marchands de parapluies fournissant du pain, ces marchands de châles offrant des fusils, ces tailleurs vendant des souliers !

L'ennemi est sur notre territoire ; il faut des armes, des vêtements, des vivres pour ces hommes qu'on lève de toutes parts ; les administrations sont en désarroi, fonctionnaires nouveaux, fonctionnaires incapables, fonctionnaires surchargés de besogne, et malheureusement quelquefois fonctionnaires prévaricateurs. Les tribunaux en ont condamné plus d'un. Quel bon moment pour pêcher en eau trouble ! Le désordre est partout, quelle magnifique occasion de faire fortune.

A cette époque, le véritable talisman pour se faire ouvrir la grande porte des fournitures, c'était le républicanisme. Vous n'êtes pas républicain, vos marchandises ne peuvent être bonnes ; si au contraire vous avez le certificat de civisme, si pendant les dernières années vous avez prêché le culte de sainte Carmagnole, oh ! alors vous êtes digne d'entrer partout, vous êtes digne de nourrir et d'habiller notre nouvelle armée, vous êtes même digne d'être autorisé à ne pas prendre votre rang dans l'armée mobilisée, afin de donner tout votre temps à l'achat des armes et des munitions avec lesquelles les autres se battront.

Nous ne serons pas surpris de rencontrer, parmi ceux-ci, notre ancienne connaissance André Thévenot.

Le frère de madame Lefort, après avoir réalisé la succession que sa sœur lui avait généreusement abandonnée, avait disparu du pays. Il s'était d'abord dirigé sur Paris, le grand asile des déclassés, des inutiles, des paresseux et surtout des

gens dont l'honneur est perdu. Mais il ne fut pas longtemps
à s'apercevoir qu'à Paris comme en province le succès ne
s'obtient que par un travail sérieux, qu'à part quelques ex-
ceptions bien rares et souvent peu avouables, le talent, le
mérite, la probité et la persévérance sont, à Paris comme
ailleurs, les seuls moyens de réussir. Après avoir donc rêvé
emplois lucratifs, fortune rapide et le reste, il dut reconnaître que, sans instruction réelle, sans relation, avec des
antécédents qu'il n'osait avouer, ces espérances n'étaient
que de folles chimères.

Déjà, la vie de confort et de plaisir qu'il avait voulu se
donner un instant, avait en quelques mois absorbé une partie notable du modeste héritage de l'oncle Jérôme. Il avait
alors pensé à utiliser les connaissances pratiques que lui
avait données son ancien métier de marchand de bestiaux,
et, quand éclatèrent les événements du 4 Septembre, il se
trouvait dans les environs de Rouen où il faisait des achats
pour le compte d'un fournisseur de l'abattoir de la Villette.

A la nouvelle du changement de gouvernement, ses espérances de fortune se réveillèrent immédiatement. Sous la
République, se dit-il, les vrais républicains peuvent préten-
dre à tout: on va continuer la guerre, il y aura des marchés
considérables, et je serai bien maladroit si je ne puis m'en
faire adjuger quelques-uns.

Le même jour, il se présentait aux nouvelles autorités du
département, excipant de sa qualité de républicain de vieille
date, se présentant comme une victime de la tyrannie impériale, faisant même valoir sa comparution en cour d'assises
comme une persécution que lui avaient attirée ses opinions,
et, comme un républicain avéré ne peut être qu'un très bon
fournisseur, il obtint tout de suite ce qu'il désirait. Le général D*** fit bien quelques objections, mais il fut obligé de
céder sous peine de passer pour un partisan du régime déchu.

André eut ainsi le titre de fournisseur de l'armée française, qui lui valut un sauf-conduit, avec ordre aux agents
de la force publique de lui prêter aide et assistance.

Muni de ce précieux papier, il parcourait les régions les plus directement menacées par l'ennemi, et, profitant de la terreur inspirée aux malheureux paysans par l'approche des Prussiens, il obtenait à vil prix des animaux qu'il expédiait immédiatement sur Rouen, où ils lui étaient payés à des prix exorbitants. Ses bénéfices étaient donc magnifiques, et il comptait sur une fortune assurée avant la fin de la guerre.

On était au mois d'octobre, les Prussiens avançaient rapidement, leur présence avait été signalée dans la forêt d'Hécourt, et leurs trop fameux uhlans avaient paru dans les environs d'Evreux, annonçant une armée considérable qu'ils ne précédaient, disaient-ils, que de quelques jours.

André était attablé dans une salle de cabaret de Jouy-sur-Eure, où il attendait le retour de quelques courtiers qui devaient lui apporter des renseignements sur les animaux à vendre dans les environs. A l'extrémité opposée de la même salle, était assis un autre individu paraissant également attendre quelqu'un ; il portait un pantalon de velours marron, une blouse en toile bleue recouvrait ses autres vêtements, une cravate de laine lui cachait le cou et une partie du visage ; sa tête était couverte d'une casquette de fourrures qui lui couvrait les oreilles.

André ne fit d'abord aucune attention à lui ; il attendait patiemment, en regardant la rivière dont l'eau tranquille coulait sous la fenêtre près de laquelle il était assis ; il calculait les bénéfices nouveaux qui allaient venir grossir encore sa fortune.

Cependant, l'homme à la casquette de fourrures avait continuellement les yeux tournés vers lui.

André, chagriné d'abord de se voir ainsi l'objet de l'attention d'un étranger, changea de place à plusieurs reprises, mais toujours l'homme à la casquette le suivait des yeux.

Il était prêt à se fâcher d'une insistance qui devenait réellement fatigante, quand l'inconnu lui adressa enfin la parole.

— Vous n'êtes pas de ce pays, monsieur, lui dit-il.

6

— Non, répondit sèchement Thévenot.

— Je ne sais si je me trompe, reprit son interlocuteur qui voulait décidément entamer une conversation, mais il me semble vous avoir déjà vu.

— C'est possible.

— N'êtes-vous pas artésien ?

— C'est encore possible ; mais, avant de répondre à d'autres questions, voudriez-vous bien me dire quel droit vous avez de m'interroger ?

— Parbleu ! mon cher, le droit que chacun a de refaire connaissance avec un ancien camarade que l'on n'a pas vu depuis longtemps. Vous êtes de Brettigny, n'est-ce pas ?

Et comme André ne répondait pas, il ajouta :

— Vous vous nommez André Thévenot.

— Je ne puis le nier, répondit André ; mais si vous me connaissez, je suis obligé d'avouer que je ne puis en dire autant de vous.

— Bah ! vous ne vous rappelez pas votre ancien ami Artaut ?

En disant ces mots, il relevait son cache-nez et sa casquette.

— Tiens ! s'écria André, Artaut ! du diable si j'aurais pensé retrouver ici l'ancien commis du percepteur de Brettigny !

— En effet ; et je suis enchanté de voir que vous finissez par me reconnaître.

— Mais, continua André, n'avez-vous pas été poursuivi pour certaine affaire ?...

— Oh ! mais ! j'ai été acquitté !

— Comme moi, mais acquitté faute de preuves.

— Comme vous. Et puis, j'avais eu soin de me mettre à couvert, et, si l'on m'avait condamné, on ne me tenait pas.

— Et qu'êtes-vous devenu ?

— Oh ! mon cher, c'est toute une histoire. Avec de l'argent que j'avais trouvé le moyen de gagner... vous savez...

— Vous avouez donc ?

— Tiens ! puisque je suis acquitté ! Qu'est-ce que cela

fait? On ne peut plus me poursuivre. Et puis, entre nous,
ajouta-t-il en clignant un œil et en donnant un léger coup
de coude à son interlocuteur...

André grimaça un sourire, et babultia :

— Oh ! moi... c'est bien différent !... mais vous n'avez
pas terminé votre histoire...

— Ce ne sera pas long. Je commençais par m'enfuir en
Belgique ; là, sous un faux nom, je fis des spéculations à la
bourse, et j'avais bien réussi, quand j'appris mon acquittement. Je voulus alors travailler sur un grand théâtre, et je
quittai Bruxelles pour aller à Paris. Voilà que la chance
tourne contre moi, et, un beau jour, je me réveillai sans un
écu dans ma bourse. Après avoir frappé à vingt portes, sol-
licité toutes sortes d'emplois, après avoir vécu du produit de
la vente de ma montre et de mes habits, je devins garçon
de café, puis cocher de fiacre, et j'étais, ma foi, en train de
passer chiffonnier, quand j'eus le bonheur de mettre la main
sur un emploi de teneur de comptes chez un fournisseur du
marché de La Villette. Je fus peu de temps à me mettre au
courant du commerce, et bientôt je deviens acheteur pour le
compte du patron. C'était là ma véritable vocation, voyager
çà et là, sans trop de fatigue, toucher de bonnes remises qui
vous donnent la vie large et facile. Oh ! c'était le bon temps !
Mais l'ambition me dévorait, je finis par envoyer promener
le patron et j'achetai pour mon propre compte. Alors revint
ma mauvaise chance ; je n'avais qu'un petit capital, une
baisse subite me fit tout perdre, et me voilà de nouveau pauvre comme Job. Je redevins courtier, j'ai végété ainsi plusieurs années. Enfin, j'avais recommencé à faire un peu de
commerce pour mon compte, quand arriva la nouvelle République... Oh ! pour le coup, c'était mon affaire ! j'avais des
amis à Paris, et aujourd'hui je suis fournisseur de l'armée !

— Vraiment ! s'écria André, mais nous sommes collègues
dans ce cas. Moi aussi, je suis fournisseur, mon cher Artaut,
je ne saurais vous dire combien je suis enchanté de cette
rencontre.

Et ils se serrèrent la main.

Ils étaient bien dignes d'être amis, tous deux avaient une tache sur leur passé, tous deux avaient l'argent pour unique préoccupation, tous deux étaient capables des actions les plus viles et les plus infâmes. En quelques minutes, ils s'étaient appréciés l'un l'autre, et leur poignée de main était un serment tacite d'amitié et d'alliance. Nous verrons bientôt ce qu'il pouvait sortir d'une telle association.

Naturellement, une si heureuse rencontre devait se fêter en vidant ensemble quelques pots de cidre ; après quoi, reprenant leur conversation :

— Et les affaires ? dit André, en es-tu content ?

— Les affaires, merci…, elles sont superbes, et, pourvu que la guerre continue encore un peu… je ne te dis que cela, ma fortune est faite.

— Eh bien ! mon cher, et moi aussi. Malheureusement, les Prussiens approchent et ce sera bientôt fini.

— Pourquoi cela ?

— Pourquoi ? Pardine ! Parce que je n'ai pas envie de me faire enlever ma marchandise par les uhlans.

— Allons donc ! ils ne sont pas encore ici, et, à mesure qu'ils avanceront, nous reculerons.

— Mais on sera bien obligé de faire la paix.

— Ce serait malheureux pour nous, mais nous n'en sommes pas encore là. Gambetta vient de descendre en ballon dans les environs d'Amiens, on va armer et approvisionner de plus en plus.

— Tout cela est vrai, je le veux bien ; mais le plus fort est fait. Puis, je te le dis, j'ai une peur des uhlans !

— Des uhlans ! Bah, tu en es encore là, toi !

— Que veux-tu dire ?

— Je dis que, quand on est malin, on tire parti de tout.

— Je ne te comprends pas.

— Hé ! c'est que tu n'es pas malin !

— Mais encore, que veux-tu dire ?

— Tu n'as jamais entendu les curés prêcher que l'on ne peut servir Dieu et le diable?

— Si, dans ma jeunesse.

— Oui, je sais que tu ne vas pas les entendre causer plus souvent que moi ; mais ça ne fait rien, je dis que les curés ont tort, et que, quand on sait s'y prendre, on trouve le moyen de servir deux maîtres. Après cela, tu as peut-être des scrupules ?

— Moi ! Est-ce que tu ne me connais pas ?

— Eh bien, alors profite de mes paroles.

— En vérité, je ne te comprends pas.

— Tant pis pour toi, il y a des choses qui se comprennent et ne se disent pas.

— Voyons, nous sommes de vieux camarades, tu sais que tu peux tout me dire, à moi.

— Non, et même supposons que je n'ai rien dit.

Thévenot, voyant qu'il ne pouvait rien tirer de son interlocuteur, eut recours à un moyen trop souvent employé par ses pareils, et qui malheureusement leur réussit presque toujours, il fit se succéder une série de pots de cidre qui finirent par avoir raison d'Artaut, ou du moins de sa résolution bien arrêtée de ne pas parler. Le voyant enfin arrivé au point où il voulait :

— Tu es un drôle de farceur, dit-il, avec tes deux maîtres, tu as l'air de faire des affaires avec les prussiens ; avec ça qu'ils achètent quelque chose, ils le prennent, c'est bien plus simple.

— C'est toi qui es simple, lui répondit son acolyte, est-ce que tu ne sais pas qu'ils font venir des bestiaux d'Allemagne ?

— Oui, je le sais.

— C'est donc qu'ils n'en trouvent pas assez pour leurs besoins.

— Ensuite.

— Ensuite... tiens ! tu es mon ami, je vais tout te dire : quand ils en trouvent à vendre en France, ils en achètent aussi.

— Oui, mais si on était connu ?... je n'ai pas envie de me faire fusiller,

— Et moi donc ! mais on est malin, ou on ne l'est pas... Écoute-moi bien, tu achètes pour l'armée ?

— Oui.

— Comme moi. Eh bien ! moi, j'achète un troupeau, je l'achète pour l'armée française, bien entendu. Seulement, j'ai soin d'aller me fournir le plus près possible des prussiens.

— Et moi aussi. C'est là qu'il y a le plus de bénéfices à faire.

— Eh ! Pardine ! tu parles de bénéfices, et tu ne connais pas les plus beaux ! Laisse-moi t'expliquer. Mettons que tu as cent mille francs.

— Je les ai, ou à peu près.

— Bon. Tu achètes pour cette valeur dans les conditions que je t'ai dit, tu fais savoir au général prussien que tu peux lui fournir, pour autant, deux cents bœufs excellents ; tu conviens du prix, alors, il envoie un détachement à un endroit désigné d'avance. Tu passes par là, on fait la *frime* de te prendre ta marchandise ; le lendemain, tu vas au quartier-général, tu reçois ton argent, puis, tu achètes un nouveau troupeau ; celui-là, tu le mènes à l'armée française ; et le tour est fait. Tu as servi Dieu et le diable, et tu as gagné double bénéfice. Si je n'avais pas fait le tour deux ou trois fois, je ne t'en parlerais pas ; mais motus, c'est entre nous.

— Ah ! tu l'as fait deux ou trois fois ! dit André qui avait écouté avec la plus grande attention les dernières paroles de son ami. Tu es un habile homme !

— Je le pense, répondit Artaut, en se pavanant dans son infamie.

— Oui, tu es adroit, continua André, très adroit, je te comprends bien, mais, moi je n'oserai jamais.

— A ton aise, mon vieux, mais tu ne seras jamais riche. Aux audacieux le succès.

— Je n'oserai pas, répéta André à demi-voix, comme se

parlant à lui-même ; puis, se retournant sur son camarade :
N'importe ! à ta santé ! je te remercie du conseil. A l'occasion, je te revaudrai cela.

Et, comme en ce moment d'autres personnes entraient
dans le cabaret, les deux Judas trinquèrent une dernière fois,
et, après s'être de nouveau serré la main, sortirent chacun
de leur côté.

II

TRAHISON

La semence jetée par Artaut était tombée dans un terrain
trop bien préparé pour ne pas germer bientôt.

André hésita quelque temps, il est vrai, non pas qu'il fût
retenu par l'odieux de son action ; sa conscience était tellement dépravée que les idées de bien et de mal n'entraient
plus pour rien dans ses déterminations ; mais, si la trahison
ne l'effrayait pas en elle-même, il redoutait le châtiment ; ce
fut la passion de l'or qui l'emporta.

Le lendemain, il alla retrouver Artaut, les deux coquins
causèrent longtemps ensemble. André prit toutes les informations dont il avait besoin, et, quand ils se séparèrent la
trahison était décidée.

Cependant, les Prussiens marchaient toujours. Ils venaient
de prendre Châteaudun, dont les habitants s'étaient défendus
avec un courage qui leur laissera dans l'histoire de nos malheurs un admirable renom de patriotisme, et dont les Allemands s'étaient ignominieusement vengés en brûlant de
fond en comble cette glorieuse mais malheureuse cité.

Peu de jours après, le major général Schmidt après avoir
incendié Ablis, s'avançait avec un corps de 20,000 hommes

dans la direction d'Evreux. Ses avant-postes étaient entre Garennes et Ivry sur la route d'Anet à Pacy.

Il était six heures du soir, heure à laquelle à la fin d'octobre le jour a déjà fait place à la nuit. Un homme quittait Bueil, enveloppé d'un vieux caban, un large chapeau de feutre enfoncé jusque sur les yeux.

Après être sorti du village par un chemin qui se dirige vers Pacy, il ne tarde pas à prendre un sentier détourné, bientôt il franchit l'Eure, et marche dans la direction de Garennes.

Il paraît glisser dans l'ombre, jetant sans cesse des regards autour de lui, comme s'il craignait d'être aperçu : les précautions qu'il prend pour amortir le bruit de ses pas, le choix des chemins creux bordés de haies, prouvent qu'il cache quelque mauvais dessein ; à tout moment, il s'arrête et semble sur le point de renoncer à ses projets ; mais non, il ira jusqu'au bout ; un espoir brille à ses yeux, et, comme un flambeau fascinateur, l'entraîne et le force à marcher en avant ; il veut de l'or, et, là-bas, il y a de l'or pour lui.

Tout-à-coup, il se sent saisi par derrière : deux uhlans placés en avant poste se sont emparés de lui, et, en le menaçant de mort s'il pousse un seul cri, le conduisent à leur chef.

Cette fois, il n'était plus temps d'hésiter...

André, que nos lecteurs ont sans doute déjà reconnu, mettant toute crainte de côté, et marchant audacieusement dans la voie d'infamie où il était entré, demande à être conduit devant le général en chef.

Après bien des pourparlers et une longue attente on le dirige sous bonne escorte vers Esy, où était le quartier-général. On l'introduit devant un officier supérieur prussien.

— Que demandez-vous ?

— Etes-vous le général en chef ?

— Non, mais il m'a délégué pour le remplacer, vous pouvez donc parler ; seulement, hâtez-vous.

— C'est que... Monsieur... j'ai une affaire très délicate à traiter... et je voudrais parler au général en personne.

— Le général n'a pas le temps, dites-moi votre affaire, ou allez-vous-en.

— Mais, Monsieur...

— Il n'y a pas de mais, parlez ou retirez-vous.

— Enfin, puisqu'il le faut... on m'a dit que vous aviez besoin de bestiaux.

— Il nous faut tous les jours de grands approvisionnements pour l'armée, mais les réquisitions nous suffisent.

— Cependant je sais que vous achetez aussi des bœufs en France.

— Pour l'armée qui assiège Paris, c'est vrai. Avez-vous des bestiaux à nous vendre ?

— Oui, Monsieur.

— Combien ?

— Deux cents bœufs de première qualité. Je puis vous les céder à un prix relativement minime, six cents francs, l'un dans l'autre.

— C'est trop cher ; mais je puis vous donner le moyen de nous en fournir à meilleur marché, tout en faisant cependant un joli bénéfice. Faites-nous mettre la main sur des animaux achetés par l'armée française, et il vous sera remis cinq francs par mouton, cinquante francs par bœuf.

— Oh ! monsieur ! y pensez-vous ? trahir mon pays !

— Eh ! eh ! comment appelez-vous donc ce que vous faites en ce moment ?

— Mais, c'est du commerce. Je suis marchand, je vends à tous ceux qui veulent acheter.

— Soit ; mais je doute que le général consente à prendre votre troupeau.

— Si vous vouliez seulement lui faire connaître mes offres...

— Quel serait votre dernier prix ?

— Tenez, pour en finir de suite, je les livrerai à cinq cent quatre-vingt-dix francs.

— Attendez-là.

Peu de temps après, l'officier rentrait, suivant le général
en chef qui avait voulu traiter lui-même.

Le général toisa de la tête aux pieds le malheureux traître,
et un sourire de mépris vint plisser ses lèvres.

— C'est vous, dit-il, qui me faites offrir des bœufs ?

— Oui, mon général.

— Si je vous achète votre troupeau, pourrez-vous m'en
fournir un semblable toutes les semaines ?

— Je pense que oui ; mais le général doit comprendre que
je ne puis lui amener comme cela deux cents têtes en plein
jour et par les grands chemins. Voici ce que je pourrais
faire : Je suis fournisseur de l'armée française ; j'ai en ce
moment un troupeau convenable ; je puis m'entendre avec
vous sur le chemin par lequel je dois passer ; vous envoyez
des éclaireurs s'emparer de mes animaux ; je viens alors
vous trouver sous prétexte de réclamations, vous me soldez,
et, quelques jours après, je recommence dans un autre
canton.

— Vous êtes un triple coquin, mais cela ne me regarde
pas. Où est votre troupeau ?

— A Bueil.

— C'est bien, vous allez y retourner ; demain, à huit heures du soir, vous partirez pour Épieds en suivant la route
qui passe à Neuilly ; cette route conduit à Évreux, vous ne
pouvez donc être compromis ; je me charge du reste. Si vos
animaux sont conformes à vos déclarations, je vous les paie-
rai cinq cent vingt-cinq francs par tête.

— Mais... mon général.

— C'est à prendre ou à laisser.

— Mais...

— Qu'est-ce encore ? Suivez cet officier, il vous remettra
les papiers dont vous avez besoin pour traverser nos lignes.

— Mon général...

— Encore un mot, et je vous fais fusiller, dit le général en
se retirant.

Thévenot suivit l'officier, qui ajouta :

— Si, demain, à l'heure dite le troupeau n'est pas à l'endroit désigné, je vous engage à ne pas retomber dans les mains du général, c'est un conseil que je vous donne dans votre intérêt.

Et appelant un soldat qui se tenait à la porte :

— Voici un sauf-conduit pour cet homme, vous l'escorterez jusqu'aux avant-postes, là vous le remettrez entre les mains de l'officier. Allez.

— Ils sont un peu bourrus, se disait André en suivant son guide, et ils m'ont fait faire un dur rabais ; mais c'est égal, je fais encore une assez bonne affaire. 200 à 525, cela doit faire 105,000 fr. pour des bœufs qui ne m'en coûtent que 75,000 ; 30,000 fr. de bénéfice, Artaut m'a donné là une fameuse idée !

Le lendemain, il eut soin de se montrer dans plusieurs cabarets de Bueil ; il annonça devoir partir le soir pour Evreux avec un convoi d'animaux.

— Je voyagerai la nuit, dit-il, pour échapper aux Prussiens.

Aussi, quand on le vit se mettre en route, les habitants loin de soupçonner son infamie, louaient beaucoup son courage : il allait courir de grands dangers pour approvisionner l'armée française, c'était un homme admirable.

Il fut assez étonné de marcher une bonne partie de la nuit sans rencontrer aucun parti allemand, il avait déjà dépassé Neuilly, et commençait à craindre un malentendu. Il supputait déjà le bénéfice qu'il allait perdre. Un instant, il eut la pensée de retourner sur ses pas ; mais les deux conducteurs qui l'accompagnaient n'étant pas du complot, il était forcé de marcher en avant.

Tout à coup, il se fait un mouvement d'arrêt, André aperçoit cinq cavaliers allemands ; au même instant, l'un d'eux s'écrie :

— On ne passe pas !

— Enfin, dit-il, les voilà !

Et, se retournant, il se voit cerné par une cinquantaine de uhlans.

— Le général, pensa-t-il, a poussé les précautions trop loin, je ne suis pas un soldat obligé à se défendre, et quatre ou cinq prussiens eussent bien suffi pour venir à bout de mes deux conducteurs.

A peine avait-il eu le temps de faire cette réflexion, qu'une voix s'écria derrière lui avec un léger accent tudesque :

— Rendez-vous ! vous êtes prisonnier !

André s'avança immédiatement vers l'endroit d'où était parti la sommation, et demanda le chef du détachement.

— C'est moi, répondit la même voix. Que voulez-vous?

— Je désire vous parler, je suis le propriétaire de ce troupeau.

— C'est faux, ce troupeau est à moi, puisque je viens de le prendre.

Et, se retournant vers un sous-officier :

— Qu'on s'empare de tous les conducteurs, si quelqu'un fait résistance, ou cherche à fuir, qu'on le fusille immédiatement !

— Monsieur, dit Thévenot d'une voix timide, je voudrais vous entretenir en particulier.

— C'est inutile. Où conduisez-vous ce troupeau?

Thévenot hésita ; la présence de ses domestiques le força à déclarer qu'il allait à Évreux.

— Cela me suffit, reprit le Prussien. Ces animaux sont destinés à l'armée française, je les saisis, ils appartiennent à Sa Majesté le roi de Prusse.

Il donne alors des ordres en allemand à quelques-uns de ses hommes ; puis, il ajoute en français :

— Vous autres, je vous préviens que si vous faites un geste, si vous poussez un cri, je vous fais fusiller comme des chiens.

Il avait à peine terminé que cinq ou six prussiens s'élancent sur eux, les lient chacun à un arbre, et les bâillonnent en leur répétant sans cesse : « Capout, français, capout ! »

Quand ils furent solidement attachés, un commandement sec et impérieux mit les uhlans en mouvement ; quatre cavaliers, prenant la tête de la colonne, se jetèrent dans un chemin creux et le reste de la troupe les suivit chassant le troupeau devant elle.

André, terrifié par les paroles de l'officier, s'était laissé garrotter et baillonner ; il avait d'abord espéré que tout cela n'était qu'une comédie destinée à lui permettre de continuer ses trahisons, sans le laisser soupçonner par les autorités françaises.

Cependant, quand il voit disparaître les Allemands avec son troupeau, quand il reconnaît que tous ses efforts pour se débarrasser de ses liens sont inutiles, il est pris d'une rage insensée, il essaie de rompre ses attaches, mais il n'obtient d'autre résultat que de faire jaillir le sang de ses poignets. Il veut crier, mais le baillon est trop bien fixé, et il lui est impossible d'articuler un son ; force lui est donc, comme à ses compagnons, d'attendre que quelqu'un vienne les délivrer.

Mais le voisinage de l'ennemi rendait les routes désertes, toute la nuit et une partie du jour se passe sans que personne vienne à leur secours. Après avoir souffert du froid pendant la nuit, ils sont brûlés par le soleil qui ce jour-là brilla d'un vif éclat ; enfin, vers midi, ils aperçoivent un voyageur s'avançant de leur côté. Celui-ci, un pauvre paysan, voyant ces trois hommes attachés à des arbres, est tellement effrayé que son premier mouvement est de s'enfuir ; bientôt cependant, moitié par curiosité, moitié par commisération, il s'approche d'eux, et se décide enfin à couper les liens qui les retiennent.

Les malheureux étaient tellement épuisés de fatigue qu'à peine délivrés, ils se laissent choir sur le sol. Enfin reprenant leurs forces, ils se débarrassent de leurs baillons auquel le paysan n'avait osé toucher, et ils racontent leur mésaventure.

Une soif ardente les dévorait, leur sauveur va leur chercher de l'eau à un ruisseau, et ils peuvent se diriger vers le village le plus voisin.

Ils étaient à peine arrivés que leur histoire était connue de tous les habitants. C'était à qui viendrait les voir, les interroger, s'appitoyer sur leur sort, leur offrir des réconfortants et des consolations.

André était dans une inquiétude mortelle.

Que signifiait la conduite des Prussiens ? Comment retourner auprès du général ? Recevrait-il jamais le prix de son troupeau ? Toutes ces questions se succédaient dans son esprit, et il ne savait que répondre.

Les braves habitants du village ne voyaient en lui et ses compagnons que des victimes de la brutalité et de la rapacité des sauvages du Nord, pour eux, ils étaient des martyrs de la sainte cause de la patrie ; aussi était-ce entre eux une lutte d'amabilités, de prévenances, d'attentions, d'offres de toutes sortes. André, dans le fond du cœur, les donnait à tous les diables, il n'aspirait qu'au moment où on le laisserait libre, où il pourrait, à l'abri des regards indiscrets, se diriger de nouveau vers le camp ou plutôt vers les cent cinq mille francs promis.

La nuit venue, André qui avait eu le temps de combiner son plan de campagne, remercia avec effusion les bons villageois de leur accueil fraternel, et sans perdre l'occasion de protester de son dévouement à la République :

— Messieurs, leur dit-il, je viens d'éprouver un grand malheur, mais je m'en console par la pensée que toute ma fortune n'est pas perdue, J'ai encore de quoi acheter un troupeau plus considérable que celui que ces misérables m'ont si odieusement volé la nuit dernière, Vous autres, dit-il à ses toucheurs de bœufs, demain matin vous retournerez à Bueil, et vous m'y attendrez, Pour moi, le salut de la patrie avant tout ! Je vais me mettre immédiatement en route pour me procurer les fonds dont j'ai besoin, et que fort heureusement je ne porte pas dans mes poches, car messieurs de la choucroûte ne m'en auraient guère laissé... Encore une fois, messieurs, merci et adieu !

Après quelques précautions analogues à celles qu'il avait

prises la veille, il se dirige vers le point où il espérait trouver les avant-postes prussiens ; il marche toute la nuit, se perdant dans les bois, tombant dans les fondrières il est épuisé, accablé de fatigues, mais une étoile brille à ses yeux, l'or, l'or prussien qu'il espère tenir bientôt, et il marche, il marche toujours...

Vers le matin, il est arrêté par des uhlans qui lui barrent le passage, comme la veille, il demande le chef du détachement ; conduit en sa présence, il tire son sauf-conduit qu'il avait soigneusement caché dans ses vêtements, et déclare vouloir aller au quartier-général.

— Cherchez-le, lui répond le teuton, car j'ignore où il est. Tout ce que je sais, c'est qu'hier des dépêches sont arrivées, le général a rassemblé ses troupes et a fait un mouvement, pour moi, j'ai l'ordre de me tenir ici en éclaireur. Tout ce que je puis, c'est de vous faire conduire jusqu'à notre seconde ligne.

— Conduire, s'écria André, non pas, si l'on me voyait !...

— Je vous comprends, vous ne voulez pas que l'on sache le jeu que vous jouez. Du reste, puisque vous avez un sauf-conduit, passez, je vous autorise à aller jusqu'à Bois-le-Roi ; là, vous présenterez votre permis au chef de poste, je vous préviens seulement que, c'est à vos risques et périls, je ne réponds de rien.

A ces mots, une sueur froide perle sur le front d'André, il maudit la rencontre qu'il a faite à Jouy-sur-Eure, et les conseils qu'Artaut lui a donnés, mais il est trop tard, impossible de reculer. Il est entraîné sur la voie du crime, comme ces malheureux qui, saisis dans un engrenage, vont fatalement se faire broyer entre les roues.

Il passe toute la journée à courir de poste en poste, se cachant d'un côté, se cachant de l'autre, menacé par ceux-ci, repoussé par ceux-là, n'osant pas affronter l'approche d'un français. A peine peut-il trouver, dans une misérable auberge isolée, quelque nourriture, et il reprend sa route, toujours dévoré par la crainte, toujours poussé par l'espoir de toucher enfin le prix de sa trahison.

Enfin, vers dix heures du soir, il arrive au quartier-général. A force d'instances et de prières, et après avoir attendu plus d'une heure, il est introduit :

— Que me voulez-vous encore ? lui dit le général d'un ton dur et profondément méprisant. Depuis que vous m'avez quitté avant-hier, je n'ai pas eu un moment à moi. Parbleu ! si vous tenez à me fournir des bœufs, amenez-les moi.

— Mais, mon général, mon troupeau vous est arrivé.

— Qu'est-ce que cela signifie ? reprend le prussien avec un ton de colère comprimée. Auriez-vous, par hasard, la prétention de vous moquer de moi ?

— Mais, général, je vous assure...

— Misérable ! croyez-vous que je veuille m'abaisser à discuter avec un traître ! Avant-hier, à peine étiez-vous sorti de chez moi. que j'ai reçu ordre de faire une série de mouvements auxquels je ne m'attendais pas, et, depuis ce moment, je n'ai pas eu une minute de repos. Vous voyez donc bien que je n'ai pas eu le temps de m'occuper de votre affaire, et allez-vous-en au diable !

Thévenot pâlit, il chancelle, se jette aux genoux du général, et lui raconte toute la scène de la nuit précédente.

Quand il a terminé son récit, l'Allemand, prenant avec un grand sangfroid une carte placée près de lui, l'ouvre, l'étend sur une table, et suit un moment du doigt quelques noms de villages en les répétant à haute voix ; puis il s'écrie :

— C'est cela ! je l'aurais parié, c'est un coup du capitaine Schlagmann. Il a la main heureuse, le coquin ! Pour vous, j'en suis fâché ; moi, j'avais acheté votre troupeau ; si vous me l'aviez amené, je vous l'eusse payé, car vous aviez ma parole ; lui, il vous l'a pris, il ne vous le paiera pas ; voilà toute la différence.

Sur ce, il éclate de rire.

Le misérable traître ne peut supporter le coup ; il tombe à la renverse, sans connaissance...

Le général sonne, un cavalier se présente, salue militairement, et attend en silence :

— Fritz, appelez un de vos camarades, et jetez-moi cet animal dans la cour, vous lui administrerez quelques seaux d'eau sur la tête pour le faire revenir à lui ; puis, vous le reconduirez jusqu'à l'entrée de la forêt. Là, vous le préviendrez qu'il a une heure pour quitter nos lignes.

Fritz salue, tourne les talons, et revient deux minutes après avec un germain à la barbe jaune ; à deux, ils le prennent l'un par les pieds, l'autre par les épaules, et le transportent dans la cour, où ils exécutent l'ordre qu'ils ont reçu.

Nous devons ajouter qu'ils profitèrent de l'occasion pour visiter ses poches, et lui enlever sa montre et son porte-monnaie.

André, subitement rappelé à lui-même par deux ou trois douches glaciales,et, se voyant entouré de soldats au casque pointu, se redressa sur son séant; deux seaux d'eau qui lui arrivèrent successivement de deux côtés opposés, le firent chanceler, et un immense éclat de rire retentit autour de lui.

Les derniers événements se représentèrent subitement à sa mémoire. Alors, la honte, la frayeur, une sorte de rage, lui firent monter le sang au cerveau, il devint comme fou, et se précipita tête baissée au milieu des soldats.

L'attaque avait été si soudaine que deux vigoureux Allemands, à la barbe couleur de moutarde, roulèrent sur le sol ; et, pendant qu'ils se relevaient en jurant, André était appréhendé au collet, et rejeté au milieu du cercle avec un formidable : « On ne basse bas ! »

Le misérable, hors de lui, se mit à pleurer, à crier, à menacer, à supplier ; malheureusement pour lui, aucun des soldats qui l'entouraient ne comprenaient un mot de français; un nouvel éclat de rire fut la seule réponse qu'il obtint.

Alors sa fureur redouble, il essaie de nouveau de se frayer un passage, mais il est impitoyablement rejeté dans le cercle.

A ce moment un aide-de-camp, attiré par le bruit, sort de la maison qui servait de quartier-général ; une conversation s'engage entre lui et les soldats qui entourent André. Après avoir causé quelque temps avec eux en allemand, il lui dit :

— Vous, pas raisonnable, vous voulez forcer consigne, vous vingt coups de schlague !

Et il continue à fumer le cigare qu'il avait interrompu un instant.

Aussitôt, vingt bras saisissent Thévenot, le déshabillent, l'attachent à un piquet ; un soldat, armé d'une longue lanière de cuir, s'approche et applique un premier coup à tour de bras sur les reins nus du misérable, André pousse un hurlement de douleur. Au second coup, ses cris redoublent. L'officier, quittant alors son cigare :

— Vous, pas raisonnable, criez trop fort, dix coups de plus !

Et le soldat continue l'exécution, pendant qu'un de ses camarades compte les coups avec un sang-froid aussi imperturbable que s'il eût compté les oscillations d'un balancier.

Au trentième, André ne criait plus ; il était évanoui. On le détache et on lui laisse quelque temps pour revenir à lui.

Enfin, quand il ouvre les yeux, il est, ou du moins se croit seul, il cherche longtemps à se rappeler en quel lieu il se trouve ; un mouvement qu'il fait renouvelant ses douleurs, il commence à se souvenir. Tous les événements des deux jours se représentent à son esprit, puis il se voit à peu près nu au milieu d'une cour, ses vêtements trempés d'eau sont jetés près de lui, tout son corps cruellement endolori lui rappelle la honteuse correction qu'il vient de recevoir, et qui s'est terminée par un second évanouissement. Et cependant, tout cela disparaît devant un autre souvenir, devant un malheur auprès duquel tout le reste n'est rien pour lui. Quand sa langue peut prononcer un mot, il s'écrie : « Je suis ruiné ! »

Le démon de l'or possédait son âme.

A ces deux mots, prononcés à haute voix, une sentinelle, jusque-là immobile et invisible pour lui, se détache du mur, et, s'avançant avec lenteur, lui dit d'une voix gutturale :

— Venez.

Thévenot ne savait que trop ce qu'il lui en avait coûté d'avoir osé résister. Aussi se montra-il prêt à obéir. Il fait un effort pour se relever ; mais, sans l'aide du soldat prussien, il n'y serait sans doute point parvenu ; à peine debout, ses jambes tremblent, il chancelle, et doit s'appuyer au piquet qui avait servi à l'attacher. La sentinelle le regarde avec l'immobilité et l'impassibilité d'une statue ; un frisson glacial parcourt ses membres.

— J'ai froid ! dit-il.

— Prenez vos habits.

André se baisse pour exécuter cet ordre, ou ce conseil ; mais à peine a-t-il touché ses vêtements qu'il les sent tout imprégnés d'eau :

— Mais ils sont mouillés ! s'écrie-t-il.

— Cela ne me regarde pas ; dépêchez-vous.

Ce dernier mot avait été dit sur un ton si dur et si impérieux que le malheureux se décide à se revêtir sans faire d'autre observation.

— Suivez-moi.

— Pour l'amour de Dieu, conduisez-moi près d'un bon feu, ne fût-ce qu'un quart d'heure !

— C'est impossible, je n'ai pas d'ordre.

— Vous n'avez pas d'ordre, mais je ne suis pas militaire, moi, je ne suis pas prisonnier ! c'est infâme ! c'est abominable ! vous n'avez pas le droit...

— Le général a dit que si vous faisiez la moindre résistance, il fallait vous fusiller... Suivez-moi.

André courba la tête.

L'Allemand, accompagné de deux de ses camarades, se dirigea vers la sortie du village. Tous les cent pas, ils sont arrêtés par une sentinelle, mais le guide d'André prononce un mot à l'oreille du factionnaire, et on les laisse passer.

Bientôt ils entrent dans la plaine. André, épuisé de fatigue, souffrant horriblement des coups qu'il vient de recevoir, se laisse choir sur le bord du chemin. L'Allemand, qui ne le perd pas de vue, le met en joue en disant seulement :

— Marchez !

— Mais je n'en puis plus, je vous en supplie, laissez-moi me reposer quelques minutes.

— Impossible, j'ai l'ordre de ne pas vous laisser arrêter jusqu'à la forêt.

André, faisant un effort surhumain, se relève, et marche pendant une demi-heure encore. Enfin, les Allemands s'arrêtent, et le guide d'André rompant le silence :

— Voilà la forêt, lui dit-il. Ce côté est occupé par nos troupes, le côté opposé par l'armée française qui est campée à environ une lieue d'ici. Voici l'ordre du général : Vous allez entrer dans la forêt qui est et sera battue toute la nuit par nos patrouilles. On vous accorde une heure pour rejoindre vos compatriotes ; si, passé ce délai, vous êtes rencontré par un des nôtres, vous serez fusillé comme un chien. Allez !

Fou de terreur et de rage, André s'élance, la frayeur lui donne des forces ; pendant un certain temps il marche sans hésitation ; mais, à mesure qu'il s'éloigne des Prussiens, la terreur qui lui ont inspirée se dissipe et est remplacée par une autre : il commence à craindre les Français ; il se demande si sa trahison n'est pas connue de ses concitoyens, et s'il n'a pas plus à redouter de leur part que de celle des Allemands. Sa raison s'égare, il ne sait plus de quel côté diriger ses pas ; puis, il croit entendre le bruit des patrouilles qui se croisent dans la forêt, il sent des dangers de toute part, dangers derrière lui, dangers devant, dangers autour, la nuit sombre l'empêche de voir à deux pas en avant, il se rappelle alors la nuit du crime dans le bois de Montvert. Tout à coup il tombe dans un ravin.

— Mon Dieu ! dit-il, est-ce que mon châtiment commence déjà ? Est-ce que moi aussi je vais périr dans une tranchée comme celle que j'ai creusée pour Jules Lefort !

Cependant, il se relève, et continue sa marche.

Ses oreilles bourdonnent, elles perçoivent des sons étranges ; il lui semble, comme dans cette horrible nuit, entendre des voix qui lui crient : « Caïn ! » et d'autres qui répètent : « Judas ! » Et il voit toujours la tranchée ouverte sous ses pieds, il n'ose plus avancer, il se cache dans un taillis, mais il se rappelle la parole du Prussien : « Si, dans une heure, vous êtes rencontré dans le bois, vous serez fusillé comme un chien. »

Alors il s'efforce de marcher encore, mais ses pieds meurtris ne peuvent plus le porter, ses jambes endolories s'affaissent sous lui, tout son corps le fait souffrir, sa langue desséchée s'attache à son palais, il est exténué de fatigue, dévoré par la soif, mourant de faim, il donnerait de l'or pour un peu d'eau... et toujours il lui semble entendre comme le mouvement d'un balancier dont chaque battement lui crie : « Caïn !... Judas !... »

Tout à coup, la terre s'affaisse sous ses pas, il pousse un cri, s'accroche à une broussaille qui lui déchire les mains, et, se détachant du sol, roule avec lui ; il sent le froid de l'eau :

— La tranchée ! dit-il, la tranchée ! Jules Lefort, tu es vengé, je vais mourir, et mourir ruiné !...

III

UNE VEUVE

Je ne sais quel poète a dit que « c'est un spectacle digne du ciel que celui de la vertu aux prises avec l'adversité, » parole aussi vraie que belle, mais à laquelle il aurait pu ajouter : pour tout cœur pur, pour toute âme droite, pour tout esprit véritablement honnête, ce spectacle est un bonheur

et un bienfait, parce qu'il est un encouragement dans les difficultés de la vie, un appui dans la lutte que tous, plus ou
moins, nous devons soutenir contre le mal, parce qu'il nous
soutient dans le chemin de la vertu.

Laissant donc le misérable André dans la terrible situation
où l'ont précipité ses crimes, nous retournerons à Guinchamp.

Dans la bonne vieille maison de l'oncle Jérôme, nous re-
trouvons Céline Lefort. Certes, pour elle, la coupe de la vie
a été bien amère ; orpheline dès son enfance, elle n'avait eu
que les soins d'un oncle bon, dévoué, excellent, il est vrai ;
mais les caresses d'une mère lui avaient manqué, ces bonnes et chaudes caresses que rien ne peut remplacer ; aussi,
comme on le constate chez presque tous les orphelins, un
fond de tristesse avait toujours assombri ses plus beaux
jours ; l'orphelin, comme l'exilé, ne peut jamais goûter une
joie entière, toujours il sent qu'un bonheur lui manque,
qu'un amour lui fait défaut.

Durant les trop courtes années de son mariage, elle avait
goûté un bonheur relativement parfait ; le sillon de mélancolie qui dès son enfance s'était gravé dans son cœur avait
paru s'effacer ; cependant, elle se disait souvent : « Je suis
trop heureuse, cela ne durera pas. » Même dans ces moments
de joie, elle entendait au fond de son âme comme des pressentiments de malheur, d'abandon, de deuil. Ces affreux
pressentiments ne s'étaient que trop réalisés ; son pauvre
cœur, qui dès l'enfance, avait tant souffert de la privation
d'une mère, devait connaître les deux sentiments qui forment
les plus puissants anneaux auxquels une créature humaine
puisse être attachée : l'amour conjugal et l'amour maternel ;
mais elle ne devait les connaître que pour les voir subitement brisés, avec toutes les circonstances qui pouvaient rendre cette rupture plus déchirante et plus cruelle.

Combien d'autres à sa place, folles de désespoir, auraient
blasphémé, auraient considéré comme un bonheur la perte
de la raison, pourvu qu'elle fût accompagnée de la perte du

souvenir! Combien même auraient demandé à la mort la
fin de leurs maux, auraient aspiré au néant pour trouver
l'oubli! Mais Céline a su puiser dans un profond sentiment
de foi chrétienne, la force de tout supporter ; elle a prié
beaucoup, elle prie encore tous les jours pour ses chers dé-
funts ; non-seulement elle n'a pas cherché l'oubli, mais elle
a cherché le souvenir, elle a voulu continuer à vivre par la
pensée avec ceux qu'elle a perdus ; elle n'a pas voulu pouvoir les oublier un seul instant dans sa vie.

Si nous entrons dans la chambre qu'elle habite, au milieu
d'un mobilier simple et modeste, et dont tout le luxe con-
siste dans une exquise propreté, nous voyons de tous côtés
des objets ayant appartenu à son mari ou à son enfant. La
montre et l'anneau de mariage de M. Lefort sont suspendus
d'un côté de la cheminée ; de l'autre, des médailles d'argent
ou de vermeil qui lui avaient été accordées dans les concours
agricoles ; plus haut, sa photographie, qui rappelle encore à
la pauvre veuve ce sourire si bon et si tendre. Au-dessus de
la pendule, dans un cadre noir, sous un verre bombé, deux
mignons souliers bleus : ce sont ceux qui chaussaient les
jolis petits pieds de l'ange qui fut son fils. Là-bas, sur ce
buffet, sous un globe, un petit bourrelet tout déchiré, et qui
pour la mère vaut plus de cent fois son poids d'or ; partout,
des objets qui ont appartenu à ceux qu'elle aimait, et qui
sans cesse lui parlent d'eux.

Au milieu de tous ces souvenirs, Céline, vêtue de noir de
la tête aux pieds, est calme et résignée, ne levant les yeux
que pour jeter un regard sur un de ses chers trésors, et les
reporter ensuite sur son travail.

Mais quel est donc cette occupation qui absorbe ainsi tous
ses mouvements.

Madame Lefort n'a plus qu'une pensée ; elle a accepté généreusement la lourde croix que Dieu lui a imposée, pour
mériter de rejoindre bientôt les êtres auxquels elle a donné
son âme. Elle ne peut plus travailler pour eux, elle travail-
lera pour obtenir que Dieu les réunisse bientôt dans le lieu

des éternelles amours. En souvenir d'eux, elle consacrera son temps aux pauvres, et surtout aux enfants pauvres.

Voyez l'ouvrage sur lequel elle est penchée ; c'est une petite chemise ; de temps en temps une larme coule le long de ses joues, et vient tomber sur ses doigts. Ah ! c'est que le bambin qu'elle veut habiller est précisément de l'âge qu'aurait le petit Jules. Pauvre mère !... Mais elle essuie ses yeux, et reprend son aiguille en disant :

— Mon Dieu ! quand donc nous réunirez-vous !

Depuis qu'elle est à Guinchamp, elle n'emploie pour elle, de sa petite fortune, que le strict nécessaire ; elle ne prend de son temps que ce qu'il lui faut pour aller prier à l'église ; le reste, temps et argent, est entièrement consacré au soulagement des malheureux.

Il n'y a plus à Guinchamp un seul enfant qui ne soit convenablement et chaudement vêtu, mais aussi il n'y a plus une seule personne, surtout un seul enfant qui ne la vénère, qui ne l'aime ; elle ne peut sortir sans être entourée d'une foule de ces pauvres petits ; elle les caresse, elle a toujours pour eux quelques friandises.

Dès les premiers temps de son malheur la vue des enfants lui faisait mal, lui rappelait des souvenirs qui lui déchiraient le cœur, mais elle a fini par surmonter cette émotion, et maintenant c'est au contraire un bonheur de les rencontrer, de leur parler, de les voir sourire ; il lui semble que c'est à son pauvre petit Jules que sont données ces caresses et ces amitiés.

Dans leur sourire, elle revoit le sourire de Jules, leur affection lui rappelle l'amour de son enfant. Oh ! cet amour lui donne d'ineffables joies intimes ; c'est le seul qu'elle veuille encore ressentir sur la terre ; c'est une rosée bienfaisante qui rafraîchit son cœur, un foyer qui réchauffe son âme, qui lui donne la force, non pas la force d'oublier, mais la force bien meilleure de se souvenir.

La vie de travail et d'abnégation qu'elle s'est faite, est bien un peu l'objet des critiques de la vieille Madeleine et du brave François.

— Mais, Madame, lui dit l'une, vous donnez tout ce que vous avez, bientôt vous n'aurez plus de pain pour vous

— Puis, ajoute François, vous ne prenez jamais un moment de distraction, toujours à l'église ou au travail, comme si vous aviez besoin de gagner votre journée, vous allez vous épuiser.

— Oh! mes braves amis, leur répond madame Lefort avec un sourire mélancolique, plus tôt je mourrai, plus tôt je les rejoindrai. Ne faut-il pas que je prie pour eux, que je travaille pour eux? et il y a tant de pauvres qui manquent de tout!

Et Madeleine et François continuent à la sermonner tout doucement; mais, vaincus par sa profonde bonté, ils la laissent faire, quand ils ne l'aident pas eux-mêmes, l'une en terminant une layette pressée, l'autre en allant porter dans une chaumière éloignée les bienfaits de sa maîtresse.

Nos lecteurs se demanderont sans doute comment ils retrouvent à Guinchamp François qu'ils ont laissé charretier à la ferme des Rosiers.

François était d'abord resté au service du nouveau propriétaire de la ferme ; mais quelques jours après la mort de l'oncle Jérôme il se présenta à Céline:

— Madame, lui dit-il, depuis que vous n'êtes plus là-bas, je n'y puis plus tenir. Ce n'est pas que les nouveaux maîtres ne soient pas bons pour moi, mais ça n'y fait rien, ce n'est plus comme avant ; j'ai patienté longtemps ; et depuis que j'ai su la mort de votre oncle, je me suis dit : « On a besoin de toi par là, » et pour lors je suis arrivé.

— Mon bon François, je suis bien sensible à l'affection que vous a inspiré cette démarche, mais je n'ai pas l'intention de prendre de domestique.

— Pour ça, madame, je ne dis pas non, mais vous ne pouvez pas demeurer toute seule, comme ça, avec une vieille servante. C'est pas prudent.

— Mon ami, je ne crains rien ; puis, je vous l'ai déjà dit, je n'ai pas l'intention de prendre de domestique, et cela, pour une très bonne raison : je n'aurais aucun travail à lui donner.

— C'est bien ce que je me suis dit ; aussi j'ai ruminé long-temps mon plan dans ma tête, et, à la fin, je me suis dit : « C'est aussi simple que de conduire un vieux cheval qui va tout seul. » Vous avez besoin de quelqu'un qui loge chez vous pour être là, en cas de besoin, c'est bien certain ; d'un autre côté, vous n'avez pas d'ouvrage à me donner. Eh bien ! moi, je ne veux plus être charretier, je suis trop vieux ; mais comme je n'ai pas de rente, je suis bien obligé de travailler tout de même. Vaut autant que ce soit à Guinchamp qu'ailleurs. Pas vrai, Madame Lefort ?

— Oui, François.

— Bon ! alors, mettons que je m'engage dans une ferme à Guinchamp, il faut bien que je trouve à me loger, puis-que je n'ai pas de maison à moi. Vous qui avez du logement de trop, vous me louez une chambre.

— Louer ! oh ! non pas, mon bon François, je serais trop heureuse de vous remercier de votre dévoûment en vous donnant ce qui vous est nécessaire.

— Vous voyez bien ; j'en étais certain d'avance ; aussi, avant de venir vous trouver, j'ai été aux renseignements. J'ai appris que M. Ledru avait besoin d'un homme, et j'ai fait mes conditions avec lui ; il me donne de l'ouvrage, et me nourrit. Ah ! dame, par exemple, j'ai réservé de rester ici les jours où vous auriez besoin de moi ; faudra bien tra-vailler votre jardin ; puis, Madeleine est bien vieille ; de temps en temps, il sera nécessaire de lui donner un coup de main… Vous voyez bien que j'ai tout arrangé pour le mieux.

— Oui, mon ami, et il ne me reste plus qu'à vous donner votre chambre.

Et voilà comment François s'était installé chez la veuve de son ancien maître, afin de pouvoir veiller sur elle, et lui rendre tous les services dont il était capable.

Cependant Céline, toute à la prière et au travail, entourée des soins dévoués de deux vieux serviteurs, soutenue par

l'estime et l'affection de toute la commune, qui respectait en
elle une grande douleur noblement supportée, vivait dans un
calme qui était un bonheur relatif. Une seule chose l'effrayait, l'approche des armées allemandes.

Tous les jours, des bruits sinistres étaient mis en circula-
tion. On disait qu'Amiens allait être pris ; chaque jour, on
s'attendait à voir paraître les trop fameux uhlans.

Céline, ne pouvant compter que sur la protection du vieux
François, avait déjà pensé à se retirer dans une petite propriété qu'elle possédait sur le bord de la mer, dans un coin
perdu du Boulonnais, où, pensait-elle, les Prussiens ne vien-
draient jamais.

Sur ces entrefaites, elle reçut la visite du curé de la paroisse :

— Madame, lui dit-il, je viens me plaindre à vous, et de
vous ; vous ne me laissez plus rien à faire. Depuis que vous
habitez ma paroisse, je n'ai plus de pauvres, votre exemple
et vos bons conseils amènent à l'église bien des gens, que
je n'étais plus habitué à y voir ; enfin, pour peu que cela
ontinue, je n'aurais bientôt plus qu'à me croiser les bras.

— M. le curé, lui répondit Madame Lefort, vous êtes
beaucoup trop bon pour moi, je ne fais pas autant de bien
que vous le pensez ; et, du reste, quoi que je fasse, et quoi
que nous fassions tous, il y aura toujours des misères à soulager, des infortunes à secourir, des malheureux à consoler.

— C'est vrai, madame ; cela sera toujours ; la souffrance
est voulue de Dieu, c'est la punition du péché, et surtout
l'aliment de la vertu ; si je suis venu vous trouver aujour-
d'hui, c'est parce que je prévois de nouveaux malheurs à
secourir. Vous savez que les Prussiens approchent ; d'autre
part, la petite armée française que l'on forme en ce moment
dans le Nord, sera bientôt en mesure de combattre, et je
crains que notre malheureuse contrée ne soit dans peu de
temps le théâtre de cruelles batailles. Que le bon Dieu rende
nos armées victorieuses !... Mais, en toute hypothèse, il y
aura de grandes douleurs à soulager. De tous côtés, on or-

ganise des ambulances, c'est une œuvre tout à la fois patrio-
tique et chrétienne ; à ce double titre, je nourris depuis
longtemps le projet d'en fonder une dans ma paroisse. J'en
ai parlé aux autorités, elles m'approuvent, elles me promet-
tent même leur concours ; mais ce qui me manque, ce sont
des infirmières, et surtout des personnes capables de diriger...
J'ai pensé à vous.

— Monsieur le curé, vous savez que j'ai promis à Dieu de
consacrer ma vie au service de toutes les misères ; si vous
croyez que je puisse être utile, je suis prête.

— C'est bien là, Madame, le langage que j'attendais de
vous.

— Mais, Monsieur le curé, avez-vous un local ?

— Pas encore.

— Dans ce cas, je vous offre ma maison. J'ai quatre chambres disponibles, de plus nous pourrions faire aménager l'é-
curie et la remise qui ne me sont d'aucune utilité, et il nous
sera facile de réunir ici une vingtaine de lits ; il ne nous
manquera que le mobilier

— Je m'en charge ; j'ai, ou du moins je sais où trouver,
tout ce qu'il nous faudra. Je suis très heureux de votre offre,
de cette manière, étant chez vous, vous serez naturellement
la directrice de l'ambulance. Je vais de ce pas m'occuper de
réunir tout ce qui nous est nécessaire, et demain nous com-
mencerons nos installations, il faut que nous soyons prêts à
tout événement.

— De mon côté, monsieur le curé, je vais m'occuper de
faire disposer mes chambres ; je dois vous faire un aveu : je
ne suis pas fâchée de trouver dans votre projet une occupation qui me force à agir et m'empêche de penser. Vous savez
tout ce que j'ai souffert. Eh bien ! j'ai comme un pressenti-
ment que mes souffrances ne sont pas encore terminées ; je
ressens au-dedans de moi-même les angoisses qui m'ont
toujours annoncé des malheurs, je cherche à en distraire ma
pensée, et ma pensée s'y reporte sans cesse.

— Espérons, madame, que vos pressentiments seront

trompés cette fois, quoique l'avenir soit bien sombre pour nous tous. Dieu se plaît quelquefois à éprouver ses plus fidèles serviteurs, mais c'est pour les en récompenser au centuple.

Prions, et faisons tout ce qui est de nature à lui plaire, pour obtenir grâce ; rien, vous le savez, ne lui est plus agréable que la charité.

— Oh ! monsieur le curé, je suis bien faible, bien épuisée, pour supporter encore de nouvelles tortures !

— Dieu, madame, nous mesure la peine comme la joie ; nul n'est éprouvé au-delà de ses forces ; ayez confiance... Je sais que vous n'êtes jamais inoccupée ; mais, puisque les tristes circonstances au milieu desquelles nous vivons, vous amènent l'occasion d'une vie plus active encore, saisissez-la avec empressement, et vous y trouverez un apaisement à vos angoisses.

Le lendemain, le maire, accompagné du curé et de quelques notables, entraient chez Céline. Après l'avoir félicité de son dévouement, ils visitèrent la maison et offrirent tous leur concours ; chacun voulut contribuer à cette œuvre si éminemment utile. De tous côtés arrivèrent meubles, literies, linge et le reste, de sorte qu'en quelques jours tout fut disposé, et que l'on se trouva avoir vingt lits complets, attendant autant de malades ou de blessés.

Cependant les événements se précipitaient, les Allemands avançaient toujours et les craintes des malheureux habitants augmentaient de moment en moment. Enfin, le 24, on entendit gronder le canon.

Amiens était menacé par le général Manteuffel.

Le gouvernement, qui ne voulait pas laisser prendre cette ville importante, se hâta d'y envoyer les généraux Lecointe et Derroja à la tête de deux brigades, auxquelles il en joignit une troisième sous le commandement du colonel de Bessol ; une quatrième brigade en formation fournit quelques troupes pour garder les passages.

Cette petite armée, y compris deux escadrons de dragons

et sept batteries d'artillerie, comptait 17 à 18,000 hommes,
qui, réunis à la garnison d'Amiens sous les ordres du général Paulze d'Ivoy, formaient un total de 25,000 combattants.

Ces troupes occupaient une ligne circulaire autour d'A-
miens, de Boves à Villers-Bretonneux, en passant par Gen-
telles, Cachy et Saleux.

Des combats partiels eurent lieu le 24 et les jours suivants;
le 27, s'engagea la bataille proprement dite, dans laquelle
notre petite mais vaillante armée eut l'avantage, jusqu'au
moment où l'artillerie eut épuisé ses munitions.

Cependant nous occupions encore nos positions, et ce ne
fut que dans la nuit qu'un conseil de guerre décida le mouvement en arrière. Nos jeunes soldats, mal équipés, mal ar-
més, et surtout mal exercés, ne pouvaient pas exécuter une
retraite en bon ordre ; aussi ce fut un pénible spectacle pour
tous ceux qui les virent défiler, mourant de faim et de froid;
un grand nombre tombaient de fatigues ou d'inanition le
long des routes.

L'ambulance de Guinchamp, qui se trouvait située peu en
arrière du théâtre des combats, fut bientôt trop petite.

Dès les premiers jours, Céline montra un dévouement
sans bornes, joint à une entente, une habileté de direction,
auxquelles on n'aurait pu s'attendre.

Toujours présente partout, prévoyant tout, elle était infa-
tigable ; à peine prenait-elle quelques heures d'un repos absolument indispensable, tout le reste de son temps, elle le
passait, soit au chevet des malades, soit aux divers offices
où se préparait tout ce qui leur était utile.

Aussi était-elle l'objet de l'admiration de tous ceux qui la
voyaient. Les pauvres soldats auxquels elle prodiguait ses
soins, lui avaient voué un véritable culte ; ils l'aimaient
comme leur mère, à laquelle ils la comparaient sans cesse.

Un certain laps de temps s'écoula ainsi, sans nouvelles
épreuves... Les Prussiens, après avoir pris Amiens, l'avaient
évacué pour se porter sur Rouen et le Hâvre.

Pendant ce temps, le pays avait été relativement tran-

quille ; quelques uhlans avaient visité le village, mais les habitants avaient été quittes pour quelques rations d'avoine.

IV

UN COMBAT D'AVANT-GARDE.

Nous avons laissé André Thévenot au fond d'un ravin. Le
misérable avait cru mourir, mais il n'était qu'évanoui, c'é-
tait la troisième fois de la nuit, mais comme personne
n'était là pour le rappeler à lui, son évanouissement dura
longtemps, il faisait déjà grand jour, et le traître était toujours étendu privé de connaissance ; on l'aurait cru mort.

Tout à coup, un grand bruit se fait dans la forêt, André
ouvre les yeux, et aperçoit deux ou trois cents cavaliers
blancs passer comme un ouragan au-dessus de sa tête. Avant
qu'il ait eu le temps de se rendre compte de cette vision, elle
a disparu.

— Où suis-je se dit-il.

En faisant quelques efforts, il parvint à s'assoir sur la
berge.

— Où suis-je ? Ah ! je me souviens... les Prussiens... la
forêt... les Français... Ah ! j'ai cru mourir !... mais, je ne
puis rester ici.

Il porta alors ses regards tout autour de lui. Le ravin dans
lequel il était tombé, n'était pas très large ; à quelques pas
plus loin, il était entièrement recouvert par des broussailles
de chevrefeuille et de ronces, ces dernières étaient chargées
de baies noires.

Le malheureux se traîna dans cette direction qui lui of-
frait le double avantage de le cacher à tous les yeux, et en

même temps de lui procurer un aliment bien léger, sans doute, mais bien précieux pour lui dans l'état d'épuisement où il se trouvait.

Quand il se fut un peu réconforté avec des mûres sauvages, heureux d'être en sûreté pour quelques moments, et cédant à la lassitude, il s'endormit, mais bientôt il s'éveilla:

— Je ne puis pourtant, se dit-il, rester indéfiniment ici, ma position est horrible, je suis exténué de fatigue, je meurs de faim, et je ne puis me nourrir longtemps de fruits de ronce.

Se relevant avec effort, il gravit la rampe du ravin en s'accrochant aux branches et aux broussailles ; arrivé au niveau du terrain, et toujours caché par les herbes, il regarde autour de lui, il est au milieu d'une forêt; aussi loin que sa vue peut s'étendre, il ne voit que des arbres et pas un être vivant. Près de lui, de nombreuses traces de sabots de cheval lui expliquent la vision qui a accompagné son réveil. Il reste quelques instants immobile, s'attendant toujours à voir apparaître quelqu'un...

— Il me faut pourtant prendre un parti, s'écrie-t-il à demi-voix, essayons de sortir de cette affreuse forêt, mais de quel côté me diriger, où sont les Prussiens? où sont les Français? Je l'ignore ; et franchement, je ne sais lesquels je dois plus craindre .. Ah! au hasard ! voilà un sentier bien couvert, le long d'un ruisseau, il me conduira quelque part.

En effet, ce sentier devait le conduire quelque part, seulement ce n'était pas dans le sens qu'il l'avait compris. Il avait à peine marché vingt minutes, qu'un « qui vive » le fit bondir, il fut sur le point de fuir, mais un fusil abaissé dans sa direction, et un second « qui vive » le clouèrent au sol.

— Français, répondit-il.

Mais en même temps le factionnaire criait :

— Sergent, voici un particulier qui sort du bois, venez le reconnaître.

Le sergent s'avança en effet et s'approcha d'André.

— D'où venez-vous, lui demanda-t-il.

— Mais, de Bois-le-Roy, s'écria André, sans penser au danger auquel il s'exposait.

— Comment, de Bois-le-Roy, mais le village est occupé par les Prussiens.

— A qui le dites-vous ? Sergent, les monstres m'ont chassé de chez moi après m'avoir maltraité.

— Alors vous êtes de Bois-le-Roy.

— Et d'où voulez-vous que je sois !

— C'est bien, mon brave homme, mais comme nous avons là-bas cinq ou six de vos compatriotes, nous allons vous conduire à eux, histoire de voir s'ils auront celui de vous reconnaître.

André, s'apercevant qu'il avait fait fausse route, dit alors au sergent :

— Excusez-moi mon brave, mais j'ai eu tant de malheurs depuis hier, j'ai passé par de si cruelles épreuves que je ne sais plus ce que je dis : conduisez-moi à votre officier et je m'expliquerai avec lui.

— Ça m'est égal, reprit le brave troupier ; Duchemin et Trufinier, avancez.

— Voilà, sergent, dirent deux chasseurs qui se présentèrent en faisant le salut militaire.

— Ce paroissien demande à avoir l'honneur d'être présenté au chef de l'avant-garde, vous allez le conduire au lieutenant. Seulement, vous, espèce de pékin, pas de bêtises, hein ! et vous autres, si ce particulier avait l'air de vouloir se payer de l'air... vous savez, ajouta-t-il en faisant le geste de coucher en joue... je ne vous dis que ça. En route et ne tardez pas à revenir.

— Il paraît, se dit Thévenot, que dans toutes les armées du monde, c'est toujours la même chose, on ne parle que de fusiller les gens. Il est vrai que jusqu'ici dans l'armée française on n'en parle que par signes... Mais c'est égal, je voudrais être à cinq cents lieues des soldats ; pantalons rouges ou casques pointus, je n'aime pas plus les uns que les autres.

En faisant ces réflexions, il arriva à une clairière où une vingtaine d'hommes étaient assis ou couchés, un officier se promenait de long en large derrière ses soldats.

C'était un tout jeune homme ; il appartenait à une vieille famille de Bretagne, les Banalec de Kerarvan ; depuis les temps les plus reculés, les Kerarvan avaient porté l'épée, beaucoup étaient morts sur le champ de bataille ; mais c'était une tradition de famille que jamais un Kerarvan ne s'était rendu.

Notre jeune officier était de petite taille, solidement bâti, sa voix était douce, ses manières élégantes, son langage poli ; tout chez lui annonçait un homme bien élevé : son regard franc, loyal et énergique indiquait que s'il portait une épée comme ses ancêtres, comme eux, il savait s'en servir.

Les chasseurs Duchemin et Trufinier allèrent droit à lui et lui présentèrent André.

— Voici, mon lieutenant, un paroissien qui a déclaré être de Bois le Roy, après quoi il a dit ensuite qu'il ne savait plus ce qu'il disait, et qu'il demandait d'avoir l'honneur de vous parler.

— C'est bien, dit le lieutenant, vous pouvez retourner à votre poste.

Et, se tournant vers André :

— D'où venez-vous ?

— Mon lieutenant, vous voyez devant vous le plus infortuné des hommes ; hier j'étais riche de plus de 100.000 fr. j'étais fournisseur de bestiaux de l'armée française ; l'avant-dernière nuit mon troupeau a été pris par les uhlans ; j'ai été maltraité, battu, schlagué, menacé de mort ; on m'a tout enlevé, jusqu'à ma montre et mon porte-monnaie ; je suis mourant de faim, exténué de fatigue. Ne pourriez-vous pas me faire donner un peu de pain ?

— C'est facile, dit l'officier, je n'en refuse jamais quand j'en ai.

Et, en prenant un morceau dans un sac qu'il portait en bandoulière, il le tendit à André. Celui-ci le saisit avec d'avidité d'un affamé, et se mit à le dévorer à belles dents.

— Vous aviez grand'faim, mais cela ne m'explique pas votre présence à Bois-le-Roy.

— Mon lieutenant, quand je me suis vu volé, assassiné, réduit au désespoir, comme je n'avais plus rien à perdre, je suis allé trouver le général prussien pour lui demander justice.

— Qu'avez-vous obtenu ?

— La schlague ! mon lieutenant, la schlague !...

Le jeune officier bien qu'indigné de la conduite inhumaine des Allemands, comprima difficilement une folle envie de rire ; la figure cafarde d'André avait une telle expression en disant ces mots : « la schlague, mon lieutenant, la schlague, » il avait dans tout son être une tel air de bassesse que l'on était tout disposé à croire qu'il devait l'avoir cent fois méritée.

Cependant le lieutenant continuant son interrogatoire :

— Vous êtes fournisseur de l'armée, lui dit-il ; vous avez été volé, assassiné, vous avez reçu la schlague, tout cela est très bien.

— Comment ! très bien !

— Non, je veux dire ; c'est malheureux : mais, moi, je n'y vois pas clair du tout ; vous pouvez me raconter tout ce qu'il vous plaît. Vous savez que les lois militaires ne badinent pas avec les espions. Avez-vous des papiers ?

— Bon ! se dit André ; encore un qui va me faire fusiller.

Il commençait à s'y habituer.

Prenant dans sa poche un portefeuille crasseux et tout imbibé d'eau :

— Voilà, mon lieutenant, dit-il, j'ai un laissez-passer des autorités françaises.

M. de Kerarvan lui prit des mains une feuille à demi déchirée ; elle était en règle.

— Donnez-moi ce portefeuille, dit-il à André.

Celui-ci eut un moment d'hésitation qui n'échappa point à son interlocuteur. C'est ce mouvement qui devait le perdre car rien de compromettant ne fut trouvé dans le portefeuille.

Cependant l'officier à qui le personnage était très équivoque, surtout depuis le mouvement qu'il avait remarqué, appela deux hommes et le fit fouiller; on n'avait rien trouvé sur lui, quand un soldat s'avisa de lui prendre son chapeau. André fit un brusque mouvement comme pour le lui arracher des mains.

— Lieutenant, il y a des papiers dans la coiffe.

— Apportez-moi cela.

— Ce n'est rien, dit André, je vais tout vous expliquer.

— Silence! cria M. de Kerarvan.

Et, déchirant la doublure, il en tira de sauf-conduit allemand.

— Qu'est-ce que cela? dit-il en l'ouvrant.

Et, après l'avoir lu:

— Traître! espion! votre affaire est claire.

— De grâce, monsieur, écoutez-moi. C'est le sauf-conduit que le général prussien m'a donné quand j'ai été lui réclamer mes bœufs, afin que je puisse traverser ses lignes.

— Quand donc avez-vous quitté le général?

— Hier soir.

— Vous vous vendez vous-même: le sauf-conduit a trois jours de date, et, malheureusement pour vous, je vois que vous ne connaissez pas l'allemand. Regardez ces trois mots à la suite de votre nom.

André regarda, et ne vit que trois longs mots pour lui vides de sens.

— Vous ne savez pas ce que cela veut dire?

— Non mon officier.

— Eh bien! ces trois mots sont votre arrêt de mort. Ils signifient: « fournisseur de l'armée allemande. »

A cette révélation, André se jeta à genoux, en s'écriant:

— Grâce! ce n'est pas vrai, je n'ai rien fourni, j'ai au contraire été volé. Grâce! ne me fusillez pas! faites-moi juger! je demande des juges!

Les soldats qui l'entouraient ne pouvaient contenir leur indignation.

— Pas de grâce pour un lâche qui vend ses frères, dit l'un d'eux, il n'y a pas de juges pour les espions quand ils sont pris sur le fait, on les fusille par derrière.

— C'est trop doux, dit un autre, on devrait les écorcher vifs.

— A mort le traître !

— A mort l'espion !

Et déjà ils se préparaient à mettre leurs menaces à exécution.

André, blême de frayeur, pleurait, criait, suppliait l'officier aux pieds duquel il se traînait.

Enfin, celui-ci fit faire silence.

— Mes amis, leur dit-il, cet homme a mérité la mort, c'est évident ; mais nous ne pouvons l'exécuter nous-mêmes, il faut qu'il soit conduit au chef du détachement. Ensuite, vous savez qu'il nous est défendu sous les peines les plus sévères, de tirer un coup de feu ; l'ennemi ignore nos positions, nous ne devons pas les lui faire connaître.

Ce dernier mot réveilla dans le cœur d'André un rayon d'espoir.

— Mon officier, s'écria-t-il, la preuve que je ne suis pas un espion, que je suis au contraire un bon français, c'est que je vais vous sauver, vous et tous vos hommes : les Allemands, en me conduisant hier jusqu'à la forêt, m'ont dit que vous en occupiez la lisière opposée, ils connaissent vos positions, et je pense qu'il ne tarderont pas à vous attaquer.

— Cela ne prouve qu'une chose, c'est que vous avez peur, et que vous cherchez à vous sauver ; mais je vous l'ai dit, je n'ai pas le droit de faire autre chose que de vous envoyer à mon commandant.

Puis, se tournant vers un sergent.

— Si ce que dit cet homme est vrai, nous pourrions bien être attaqués en effet ; et, dans ce cas, il serait très gênant ; faites-le donc lier solidement à un arbre, et veillez sur lui jusqu'à ce que nous soyons relevés.

— Soyez tranquille, mon lieutenant, il ne se sauvera pas,

nous en répondons tous ; nous serions trop fâchés de perdre le plaisir de lui voir passer l'arme à gauche.

— Allons, monsieur l'espion, en avant, marche.

André se résigna à suivre le sous-officier. A vingt-cinq pas de l'endroit où avait eu lieu son interrogatoire, se trouvait un magnifique chêne au pied duquel le sergent s'arrêta, en disant :

— Voilà notre affaire, c'est un piquet de tente que le pékin n'arrachera pas avec les dents.

Aidé de deux hommes, il commença par lui attacher solidement une corde autour du poignet droit, fit faire à la corde le tour de l'arbre et fixa l'autre extrémité au poignet gauche, ayant soin de la tendre assez pour que le malheureux ne pût faire aucun mouvement.

— Maintenant, dit-il à ses camarades, si celui-là se sauve, je veux bien aller le dire à Rome.

Il avait à peine achevé qu'un coup de feu se fit entendre. En même temps, le cri « aux armes ! » retentissait derrière lui.

Les sentinelles avancées se replient, et en quelques minutes une trentaine d'hommes sont en ligne, bien déterminés à ne pas céder un pouce de terrain.

Tout à coup, un fort peloton de uhlans arrivant par derrière se précipite sur eux.

— Nous sommes cernés ! s'écrie un soldat.

— Qu'importe ? répond Kerarvan, vendons chèrement notre vie. Demi tour à droite ! feu !

Le mouvement s'exécute avec un ensemble et une rapidité telle que les uhlans reçoivent la décharge à trente pas, la moitié roule sur le sol, les autres tournent bride.

— Bravo, mes amis, s'écrie le jeune officier, oh ! il ne nous tiennent pas encore. Demi tour à droite, joue, feu !...

Cette fois, des cris s'élèvent des profondeurs de la forêt, et on aperçoit quelques Prussiens fuyant d'arbre en arbre.

— Chargez ! commanda M. de Kerarvan, et en tirailleurs à dix pas !

Le mouvement était à peine exécuté qu'une décharge effroyable fit retentir les échos du bois; mais la petite troupe avait eu le temps de se mettre à couvert, et la décharge ne lui fit aucun mal.

— Feu ! commanda le lieutenant.

Quelques cris poussés dans le lointain indiquèrent à la vaillante petite troupe que toutes les balles n'avaient pas été perdues.

Le jeune officier continuait à soutenir et à encourager ses hommes; la tentative de surprise par derrière n'avait pas réussi, mais il craignait à tout instant de la voir renouveler, sans connaître le nombre d'ennemis auxquels il avait affaire il était bien certain que ce nombre dépassait de beaucoup celui de ses hommes.

Tout à coup il donne l'ordre de former le carré; il était cerné.

— Mes enfants, dit-il, puisque ces brigands veulent notre vie, nous la leur ferons payer cher. Nous allons marcher en retraite, sans cesser de faire feu tout autour de nous.

Et ces braves soldats électrisés par la fermeté de leur chef, continuent à se battre en reculant lentement et en bon ordre.

Plusieurs tombent, on serre les rangs, on continue le feu. Quelques-uns gravement blessés, ne cessent pas de charger les armes et de combattre.

Néanmoins, ils voient arriver le moment où ils seront écrasés jusqu'au dernier.

Un officier allemand leur crie :

— Rendez-vous !

— Jamais ! s'écrie Keraryan.

— Jamais ! répètent ses héroïques compagnons.

Et le jeune officier apercevant un endroit qui lui paraî favorable pour faire une trouée :

— Mes enfants, s'écrie-t-il, si nous devons mourir, faisons nous de belles funérailles. Ces mangeurs de choucroute nous demandent nos armes, allons les leur porter. En avant ! A la bayonnette ! Au pas gymnastique.

— Hourrah! crient ces braves enfants de la France, vive le lieutenant, hourrah !

Et ils s'élancèrent tous ensemble.

Leur élan fut si sublime que les Allemands en furent un instant comme paralysés ; ceux sur lesquels ils se précipitaient commençaient déjà à se débander, quand derrière eux retentit le son du clairon.

De toutes les poitrines s'échappe ce cri :

— Hourrah ! hourrah ! voilà du secours.

Et ils se jettent avec fureur sur les prussiens, qui, se voyant pris entre deux feux, ou plutôt entre deux rangs de bayonnettes, ne savent plus où fuir, ils les poursuivent de toute part et en massacrent un grand nombre ; et quand le clairon et la voix des chefs leur donne l'ordre du ralliement, ils ne peuvent se décider à s'arrêter.

— Ça allait si bien ! dit l'un d'eux.

Cependant le chef de bataillon qui était venu avec quatre compagnies au secours de son avant-poste, ayant fini par rassembler ses hommes, fit d'abord constater les pertes ; et il fut heureux de trouver qu'ils étaient relativement bien faibles, trois morts et une dizaine de blessés, dont quatre gravement atteints. Plus de trente cadavres allemands et une quarantaine d'hommes mis hors de combat témoignaient de la valeur de la petite troupe.

Après avoir chaudement félicité M. de Kerarvan et ses vaillants compagnons, le commandant allait donner l'ordre de la retraite, quand une voix s'écrie :

— Et l'espion :

— Ah ! c'est vrai, dit le lieutenant, je l'avais oublié. Mon commandant, un moment avant l'affaire, j'ai arrêté un espion que j'ai fait attacher à un arbre, en attendant de vous l'amener.

— Qu'on aille le chercher !

Un sergent et quatre hommes sont aussitôt détachés. Quelques minutes après, ils reviennent tout confus.

— Et le prisonnier ? dit le chef de bataillon.

— Disparu, mon commandant.

— Comment ! disparu !

— Oui, mon commandant, disparu... et sans laisser sa carte.

— Pas de plaisanterie, sergent.

— Faites excuse, mon commandant, mais j'en suis assez vexé, c'était moi-même qui l'avait attaché.

— Vous l'aviez mal lié.

— Pour ça, non, mon commandant, sauf vot'respect, vous ne l'auriez pas lié mieux, à preuve que quand le feu a commencé, il a fait tout ce qu'il a pu pour s'enfuir, vu que les balles lui sifflaient des deux côtés d'une manière qui n'avait pas l'air de lui aller du tout. Il beuglait comme un âne, et faisait des efforts et se donnait des secousses à déraciner l'arbre ; même qu'il nous a tous fait rire. Il était si laid que je lui ai crié de ne pas se faire de mauvais sang.

Puisque tu dois être fusillé, que je lui ai dit, vaut autant y passer tout de suite ; et puis il y aura plus d'honneur pour toi à être tué par les Prussiens, qu'à attraper une balle par derrière, comme un chien.

Voyez-vous, mon commandant, s'il n'avait pas été solidement attaché, il ne serait pas resté là si longtemps.

— Enfin, il n'y est plus ?

— Ça c'est vrai : mais nous avons constaté sur l'arbre, plusieurs trous de balle....., il s'en sera peut-être trouvé une qui aura coupé la corde ; et comme nous avions autre chose à faire que de penser à lui, il aura profité de l'occasion pour nous brûler la politesse ?

— Monsieur de Kerarvan, vous avez entendu le rapport du sergent ?

— Mon commandant, je ne puis que le confirmer. Pendant la première partie du combat, j'ai vu aussi le prisonnier se débattre et je l'ai entendu crier, mais nous avons dû faire plusieurs mouvements, et je pensais plutôt à sauver la vie de mes hommes qu'à garder ce misérable.

— Et vous avez eu raison ; votre conduite, comme commandant du poste avancé a été magnifique ; j'en ferai mon rapport ; vous avez bien mérité la récompense qu'on accorde aux braves M. de Kerarvan, vous n'êtes pas encore décoré, je demanderai la croix pour vous.

Quant à votre prisonnier, qu'il aille se faire pendre ailleurs ! sa fuite nous a épargné une vilaine besogne.

Et après avoir pris les mesures que les circonstances lui indiquaient pour prévenir une nouvelle surprise, le commandant reprit avec le reste de sa troupe le chemin de son campement.

V.

LE BORGNE.

La guerre continuait à couvrir la France de ruines, de deuil et de sang. Les Allemands n'avançaient plus qu'avec une extrême prudence, mais ils gagnaient toujours du terrain.

Le général Faidherbe, qui venait de prendre le commandement de l'armée du Nord, veut par une puissante diversion sauver le Havre très sérieusement menacé. Le 10 décembre, il reprend la petite ville de Ham, va reconnaitre La Fère, et, après avoir constaté l'impossibilité de s'en emparer de vive force, il se dirige vers Amiens. Bientôt, se livrèrent les batailles de Querrieux et de Pont-Noyelles, à la suite desquelles notre armée dut encore se replier sur Arras et Douai.

A partir de ce moment Guinchamp et les villages voisins furent continuellement ou occupés par les Allemands ou visités par des détachements chargés de faire des réquisitions.

Brettigny, se trouvant plus éloigné des grandes voies de communication, n'avait pas encore été occupé ; mais, deux fois déjà, il avait été soumis à de dures contributions de guerre, tant en nature qu'en argent.

Le maître de la ferme des Rosiers, M. Albert Lefort, avait dû, comme tous les habitants, y contribuer pour sa part; mais, jusque là, en dehors des emprunts forcés faits à sa bourse ou à son grenier, il n'avait pas eu trop à souffrir des malheurs de la guerre.

Le 5 janvier, deux jours après la bataille de Bapaume, un détachement prussien envahit subitement le village. Les habitants, sont prévenus qu'ils ont à payer 5,000 francs et à fournir deux cents hectolitres d'avoine. On les avertit encore qu'ils doivent apporter sur la place toutes les armes, de quelques nature qu'elles soient.

Les pauvres paysans, obligés de subir toutes les exigences d'un impitoyable vainqueur, versent entre les mains de l'officier prussien le peu d'argent qui leur reste encore ; ils apportent également et l'avoine et les armes Le grain est immédiatement chargé sur des fourgons; quant aux armes, les Allemands les brisent, en font un monceau au milieu de la place, et y mettent le feu.

Après cette glorieuse expédition, ces hommes qui veulent faire passer leur nation pour le type de la civilisation moderne, s'en retournent triomphalement faire ripaille dans leurs cantonnements.

La nuit venue, cinq uhlans traversent le village. A leur aspect, toutes les portes se ferment, chacun s'enfuit ou se cache.

Les cavaliers ne paraissent même pas s'apercevoir de la terreur qu'ils répandent autour d'eux, ils passent et marchent dans la direction de la ferme des Rosiers.

Quand ils n'en sont plus qu'à quelques pas, ils s'arrêtent, et écoutent, le silence le plus profond règne partout, ils se consultent un moment; enfin, l'un d'eux se détache du groupe, et, pendant que ses camarades continuent leur route, il fait franchir à son cheval la haie qui enclot les prairies de la ferme, il arrive bientôt derrière les bâtiments d'habitation ; là, il s'arrête de nouveau, tire un pistolet de sa ceinture, et après l'avoir armé, le place sur le devant de la selle ; puis, détachant son manteau, il le tient suspendu de la main gauche, l'éloignant de toute la longueur de son bras. Alors, de la main droite, prenant le pistolet, il tire contre le manteau.

Cela fait, il tourne bride, et, lançant son cheval de toute sa vitesse, il regagne la route, et continue à galoper jusqu'à ce qu'il ait rejoint ses camarades; et tous ensemble, s'éloignent avec une rapidité vertigineuse.

Les habitants de la ferme avaient été très effrayés en entendant le bruit du coup de feu, suivi presque immédiatement de celui du galop d'un cheval.

Albert Lefort, accompagné de deux ou trois domestiques, était sorti aussitôt pour en connaître la cause. Mais ils n'entendirent plus que les aboiements furieux des chiens de cour; ils ne virent personne, tout était à sa place et dans son état accoutumé.

Ils firent le tour de la ferme et des prairies, et rentrèrent à peu près tranquillisés. Après avoir de nouveau visité toute la maison, ils décidèrent que deux hommes veilleraient tour à tour, et les autres allèrent prendre leur repos.

La nuit se passa sans nouvelles alarmes. Le lendemain, quand le jour parut, on était complétement rassuré.

Mais voici qu'un domestique ouvre la porte en criant :

— M. Albert, les Prussiens !...

— Eh! que veux-tu que j'y fasse, dit son maître, nous sommes malheureusement habitués à les voir.

— Mais ils sont plus de cent, et ils entourent la ferme de tous côtés.

Au même moment, Albert Lefort voit un officier pénétrer dans la cour, suivi d'une trentaine de cavaliers. L'officier met pied à terre, et entre aussitôt avec une partie de ses hommes.

— Où est le maître de cette maison? dit l'Allemand.

— C'est moi, répond M. Lefort.

— On a tiré hier sur un de mes hommes.

— Ce n'est ni moi, ni aucun de mes domestiques.

— On a tiré. Il me faut le coupable ; si non, je brûle la ferme, et je vous emmène prisonnier.

— Ce ne peut être personne de chez moi, puisque nous n'avons plus d'armes à feu ; vous nous les avez prises et détruites.

Alors, l'officier allemand, prenant un manteau des mains d'un cavalier, le présente à Albert, et, lui montrant un trou de balle, lui dit :

— Voilà le manteau troué de l'homme sur lequel on a tiré. Je vous donne cinq minutes pour réfléchir.

— Monsieur, le coup de feu dont vous parlez, je l'ai entendu, il a effrayé toute ma famille, il a été tiré dans la prairie. Mais il n'est pas parti de chez moi, puisqu'au moment où nous l'avons entendu, tous mes domestiques, tous, sans exception, et moi, nous étions réunis dans cette salle.

— Vous êtes un menteur ! s'écria l'officier.

— Monsieur, reprend Albert avec calme, sachez qu'un français ne ment pas pour s'excuser. Vous êtes les maîtres, vous pouvez faire de moi ce que vous voudrez, mais jamais vous ne me forcerez à dire le contraire de la vérité.

— Vous ne voulez pas me livrer le coupable ?

— Encore une fois, je vous dis que ce n'est pas en mon pouvoir.

— Tant pis pour vous !

Et, se retournant vers ses soldats :

— Qu'on exécute mes ordres.

Aussitôt cinq hommes se précipitent sur le fermier, pendant que les autres tiennent les domestiques le revolver sur la gorge, pour les empêcher de défendre leur maître.

Quant à lui, on lui attache les mains sur le dos, on lui lie solidement les deux pieds ensemble ; puis, ces hideux vautours se répandent dans toute la maison, frappant partout, brisant tout, prenant tout ce qui peut être à leur convenance.

Madame Albert Lefort s'était jetée aux pieds de l'officier prussien, pour lui demander grâce ; le barbare la repousse rudement, elle revient à la charge, en tenant ses deux petites filles par la main, espérant que leur vue attendrira le cœur du prussien..... Il les fait prendre et jeter à la porte à coups de pieds.

A cette vue, Albert pousse un hurlement de rage ; mais il ne peut faire un mouvement.

— Lâche ! crie-t-il à l'officier ; il n'y a que les lâches qui frappent des femmes et des enfants !

L'Allemand paraît ne pas entendre, il allume un cigare, et, s'appuyant à la muraille, regarde faire ses soldats ; pendant ce temps, ceux-ci qui avaient fini de voler tout ce qu'ils pouvaient emporter, sont descendus dans la cave, et en remontent chargés de bouteilles de vin, de cidre et de liqueurs. Alors commence une orgie sans nom. Ils vont chercher Madame Lefort et ses petites filles, les forcent, en présence de son mari toujours lié et gardé à vue, de ranger des tables les unes au bout des autres, et de leur servir à boire ..., et eux, ils s'enivrent, et les insultent... Et l'officier toujours immobile et toujours fumant son cigare, les regarde en riant.

Enfin, se tournant vers Albert :

— Vous voyez, dit-il, ce qu'il vous en coûte de refuser de m'obéir. Encore une fois, voulez-vous me livrer le coupable ?

— Je vous jure, s'écrie le malheureux fermier, que personne de chez moi n'a tiré ni sur vos hommes, ni sur qui ou quoi que ce soit. Je jure que nous sommes innocents, et que vous êtes des lâches qui êtes venus à plus de cent pour attaquer un homme entouré seulement de deux ou trois vieux serviteurs, vous êtes des lâches qui insultez les femmes et les enfants ! Si vous avez du cœur, déliez moi, donnez-moi un sabre, et montrez moi l'homme qui m'accuse ; je jure de le forcer à se démentir, mais vous aimerez mieux me faire fusiller les mains liées... c'est plus sûr... soit. Vous êtes les maîtres ; mais vous êtes des lâches et je vous méprise.

L'Allemand l'avait écouté d'abord avec son sang-roid brdinaire ; mais, aux derniers mots, il avait pâli, et jetant son cigare avec un geste de colère :

— Vous saurez ce que c'est que de me braver !

Il dit quelques mots à ses soudards, aussitôt, quatre hommes s'élancent sur le fermier, et le poussent vers la cour en l'accablant de mauvais traitements, le malheureux tombe, on le force à se relever à coups de sabre, sa femme veut se précipiter vers lui pour essayer de le défendre, elle est repoussée, frappée, enfin chassée de la cour. Puis, on déshabille le pauvre fermier, et on lui fait subir une atroce et odieuse flagellation ; après quoi, on le force de nouveau à se relever, et on le conduit sur une éminence située à trois cents pas en avant de sa maison.

De là, il voit sortir de chez lui ses chevaux, ses moutons, ses vaches ; sur ses propres chariots, on charge tous les grains battus et ce que l'on peut entasser de fourrages.

Enfin, quand tout est parti sous une escorte de cavaliers, un nouveau commandement retentit, et, quelques minutes après, de tous les coins de la ferme, s'élèvent des nuages de fumée, suivis bientôt de gerbes de feu.

Et le malheureux propriétaire est là, pieds et poings liés, forcé de contempler cet atroce spectacle.

Bientôt la ferme n'est plus qu'un vaste foyer de flammes, dans lequel les charpentes se tordent et s'écroulent.

Quand l'infortuné Albert Lefort a vu tomber le dernier pan de muraille, on attache l'extrémité de la corde qui lui lie les mains, à la selle d'un soldat, et les Allemands, après lui avoir détaché les pieds, le forcent à les suivre. Mais, par un raffinement de cruauté, avant de partir, un soldat lui fait voir sa pauvre femme étendue sans connaissance sur le bord d'un fossé et ses deux petites filles sanglotant, agenouillées près de leur mère..

Et maintenant, en avant ! en route ! en route pour l'Allemagne, le pays le plus civilisé du monde !...

Cependant Céline n'avait pas voulu quitter son ministère de charité. Quand l'armée française s'était repliée, elle avait dû se résigner à laisser partir ceux de ses blessés qui étaient transportables, mais on lui en avait laissé cinq qui étaient trop gravement atteints pour avoir rien à craindre des Prussiens. Toute aux soins de ses chers malades, elle entendait rarement parler des choses du dehors. Cependant, un jour, voyant François et Madeleine causer avec animation, elle leur demanda quel était le sujet de leur conversation.

— Oh ! madame, nous parlons de ces brigands de Prussiens...

— Vous avez appris quelque chose de nouveau ?

— Oui, madame ; ce ne sont pas des hommes, ce sont des monstres.

— Mais, qu'ont-ils fait ?

— Oh ! c'est trop affreux ! ils ont brûlé la ferme des Rosiers...

— Les Rosiers !!...

— Oui madame, et s'ils n'avaient fait que cela...

— Mon Dieu ! Et quoi donc ?

— Tenez, je vais tout vous dire ; aussi bien faudra-t-il que vous le sachiez un jour ou l'autre.

Et François fit le récit des atrocités que nous venons de raconter.

— Mon Dieu dit Céline, des malheurs ! toujours des malheurs !... Quand donc sera-ce le dernier.

Et elle alla s'enfermer dans sa chambre ; se laissant tomber à genoux devant un crucifix, elle pleura amèrement, n'interrompant ses sanglots que pour implorer la miséricorde divine. Enfin, après un temps assez long donné à sa douleur et à la prière, elle sortit, et appelant François ;

— Mon pauvre ami, ma cousine Madame Albert doit être dans le plus complet dénûment ; savez-vous au moins ce qu'elle est devenue depuis le départ de son mari, elle, et ses deux petites filles ?

— Non, Madame, on n'en sait rien, mais bien sûr qu'elles ne doivent pas êtres heureuses...

— Mon bon François, vous ne me refuserez pas ce que je vais vous demander, allez à Brettigny, informez-vous, cherchez ; et quand vous l'aurez trouvée, vous lui direz qu'elle a ici une parente qui compatit à ses tortures, et la supplie d'accepter l'asile qu'elle lui offre jusqu'à des temps meilleurs.

— Mais, Madame, pendant que je serai absent, qui veillera sur vous?

— La Providence, mon pauvre ami; et puis, la maison étant une ambulance, je suis moins exposée que d'autres.

— Soit, dit François.

Et il partit.

Cependant les Allemands allaient et venaient continuellement d'un village à l'autre, imposant, de lourdes contributions, en outre des réquisitions en nature qui se renouvelaient sans cesse. A chaque instant, on voyait apparaître les uhlans, et toujours leur aspect glaçait de terreur les pauvres paysans qui savaient trop bien ce que coûtaient leurs visites.

Il y avait surtout une certaine escouade de quatre hommes, qui s'était acquis une réputation spéciale de méchanceté; elle était commandée ou plutôt dirigée par une sorte de muet, du moins on ne l'avait jamais entendu parler 1 portait une grande barbe chatain, une large bande de taffetas noir lui couvrait l'œil droit ainsi qu'une partie de la joue. Dans toute la contrée, on l'appelait *le borgne*.

Quand sa bande pénétrait dans un village, il se portait au milieu de la place sans jamais descendre de cheval, l'œil droit toujours couvert de son éternel bandeau noir, et l'autre presque entièrement caché par la visière de sa coiffure.

Evidemment, il craignait d'être reconnu. On disait tout bas que c'était un Français!

Un jour qu'il était ainsi posté au milieu de la place d'un village voisin, pendant que ses camarades faisaient des réquisitions, un paysan, passant près de lui, dit à haute voix: « les traitres, on les fusille par derrière. »

Le borgne, qui était immobile sur sa selle, fit un bond, et leva son sabre pour en frapper le paysan; puis, voyant un grand nombre de personnes assemblées sur la place, il piqua des deux, et s'enfuit à toute bride.

Le lendemain, il revenait avec une trentaine d'hommes: Le village fut condamné à payer une forte amende, l'habitation du malheureux qui avait parlé la veille fut cernée, celui-ci traîné en dehors reçut la bastonnade, sa maison fut réduite en cendres, et il fut emmené prisonnier. Pour l'honneur des soldats allemands, nous aimons à croire qu'en exécutant cette horrible vengeance, ils ne connaissaient pas le motif qui l'avait dictée, et que l'abominable borgne avait trouvé un prétexte plausible pour attirer sur son malheureux compatriote un aussi cruel châtiment.

Deux fois le borgne était venu à Guinchamp, il s'y était conduit avec une modération relative, mais on avait remarqué, là comme ailleurs, que les réquisitions s'adressaient si juste qu'elles devaient être dirigées par un homme connaissant parfaitement le pays.

Cependant, après trois jours d'absence, François rentrait chez Céline, ramenant Madame Albert avec ses deux petites filles et une pauvre servante. Il les avait trouvées dans une chaumière voisine des Rosiers, réduites à la dernière misère. Les voisins, épuisés de réquisitions et d'impôts de toute nature, ne pouvaient leur donner que bien peu de choses, et elles étaient menacées de mourir de faim.

Céline les reçut avec l'effusion d'une sœur, se hâta de leur offrir ce qui était le plus nécessaire.

La pauvre mère ne savait comment remercier sa cousine:

— Vous nous sauvez la vie, lui disait-elle à chaque instant. Oh! si mon pauvre Albert était avec nous! Qu'est-il devenu? Où est-il? Ils l'ont peut-être tué!

Céline bien que partageant ses craintes, tâchait néanmoins de la consoler, de la soutenir par l'espérance:

— Mais, ma pauvre Céline, lui disait sa cousine, si vous saviez comme ils sont méchants!... Si vous saviez tout ce qu'ils nous ont fait souffrir!...

— Je ne sais que trop, mais n'en parlez plus, il vaut mieux ne pas renouveler continuellement votre douleur, conservez-vous pour vos petites filles.

— Les pauvres enfants !... elles n'ont peut-être plus de père.

— Espérez, Marie, espérez ; le bon Dieu ne vous demandera pas un tel sacrifice.

— Oh ! les misérables ! les lâches ! ils m'ont frappée, ils ont lié Albert ; nous pleurions toutes à sanglots ; il ne pleurait pas, il est trop fier, mais il était blême de rage. S'il l'avait pu, il les aurait tous exterminés.

Et la pauvre femme racontait de nouveau à sa cousine tous les détails de cette affreuse journée. Elle trouvait un âpre plaisir à se rappeler et à retracer les moindres épisodes de cette terrible histoire.

Les deux malheureuses femmes s'entretenaient encore de leurs malheurs, quand tout à coup la porte de derrière de la maison s'ouvre avec fracas ; un homme, couvert de lambeaux d'uniforme, se précipite dans la chambre en disant :

— Cachez-moi, je suis poursuivi par les Prussiens.

Sans hésiter un seul instant :

— Venez, dit Céline.

Elle le conduisit d'abord dans un petit bâtiment séparé de la maison où elle lui apporta quelques aliments dont il paraissait avoir le plus grand besoin. Pendant qu'il mangeait avec l'avidité d'un malheureux qui a été longtemps privé de nourriture :

— Etes-vous soldat, ou mobile ? lui demanda-t-elle.

— Je suis franc-tireur, madame ; il y a trois jours, j'ai été, avec deux de mes camarades, séparé de ma compagnie. Depuis ce temps nous n'avons mangé que deux biscuits que nous avions dans notre sac. Nous sommes restés deux jours dans le bois, marchant au hasard, craignant toujours d'être pris. Car nous autres, en pareil cas, nous sommes fusillés. Ce matin, nous avons été aperçus et poursuivis par des uhlans ; nous avons fini par nous séparer, afin, qu'un ou deux aient au moins la chance de leur échapper. Je ne sais ce que sont devenus mes camarades ; pour moi, les uhlans m'ont vu entrer le village, ils sont à ma poursuite et ne tarderont pas à arriver. Sauvez-moi, madame, ma mère vous bénira !

Céline, pendant ce récit, regardait le fugitif ; c'était un tout jeune homme de dix-sept à dix-huit ans ; de longs cheveux blonds et bouclés encadraient un visage qui semblait bien plutôt celui d'une jeune fille que d'un soldat.

Après être restée un moment pensive :

— Je vous sauverai, dit-elle. Hâtez-vous de manger et ne sortez pas d'ici. Personne ne vous a vu entrer ?

— Je ne le pense pas.

Céline sortit et alla trouver sa cousine.

— Marie, lui dit-elle, il y a un jeune soldat à sauver des Prussiens. Voulez-vous m'y aider ?

— Volontiers. Après ce que vous faites pour moi, que pourrais-je vous refuser ?

— Il faudra envoyer votre servante pendant un jour ou deux chez une amie sûre.

— Tant que vous voudrez, mais je ne vois pas...

— Je vous expliquerai cela plus tard ; nous n'avons pas une minute à perdre.

En disant ces mots, elle appelle la servante et le brave François.

— Vous allez, dit-elle à ce dernier, conduire cette jeune fille chez Mlle Cousin ; vous passerez par le jardin, et vous tâcherez de ne point vous laisser voir. Vous, ma fille, si vous voulez sauver la vie d'un pauvre jeune homme que les Prussiens poursuivent, vous resterez pendant ces deux jours chez Mlle Cousin, sans sortir, sans même vous montrer aux fenêtres.

— S'il n'y a que cela à faire, répondit la jeune fille, robuste et gaillarde paysanne, votre soldat est sauvé. Ces monstres-là, je voudrais...

— Hâtez-vous ; les minutes sont des siècles.

François disparut avec la servante. Céline courut à sa chambre, y prit à la hâte dans sa garderobe un habillement complet, puis, retournant vers le franc-tireur :

— Vous allez vous couvrir de ce vêtement. Quand vous aurez terminé, vous sortirez ; mais hâtez-vous.

Pour bien comprendre ce qui va suivre, il est nécessaire de faire connaître aux lecteurs les dispositions de la maison et de ses dépendances.

La maison en elle-même n'avait rien de remarquable. Elle ressemblait à toutes celles de notre pays. Au rez-de-chaussée, un corridor avec une grande chambre à droite servant de cuisine ; à gauche un salon, et, après le salon, une chambre à coucher : c'était celle de Céline.

A l'étage, quatre chambres dont deux servaient encore d'ambulance, et les autres étaient abandonnées à Madame Albert.

En avant de l'habitation, une cour assez étroite, limitée à droite et à gauche par deux petits bâtiments, l'un servant de remise et d'écurie, dans l'autre, une buanderie et un bûcher.

Le côté de la cour opposé à la maison était clos d'une haute muraille au milieu de laquelle une porte charretière s'ouvrait sur le grand chemin qui traversait le village dans toute sa longueur.

Enfin par derrière, s'étendait un petit jardin potager enclos d'une haie qui le séparait des prairies appartenant aux fermes voisines.

Un sentier courant le long des haies permettait de communiquer d'une maison de village à l'autre sans passer par la rue.

Quelques minutes après que Madame Lefort eût quitté, notre jeune homme métamorphosé en fille, entrait dans la cuisine. François, sur l'ordre de sa maîtresse, alla prendre les vêtements que le franc-tireur avait quittés, plaça avec les siens ceux qui ne pouvaient le trahir, et les autres furent immédiatement jetés dans le foyer de la buanderie et consumés.

— Maintenant, ma fille, dit Céline en riant, asseyez-vous là, nous allons vous coiffer.

Et la voilà avec sa cousine s'ingéniant à donner au pauvre fugitif une tournure féminine, ce à quoi elles réussirent, grâce à une certaine quantité d'étoupes qui, placées dans le fond du bonnet, formaient chignon.

— N'oubliez pas, dit Céline, que vous vous appelez Louison, vous êtes au service de Madame Albert Lefort, autrefois fermière aux Rosiers, et dont la ferme a été brûlée par les Prussiens.

— Vous, Marie, il ne vous reste plus qu'à faire la leçon à vos petites filles.

— C'est ce que je vais faire, reprit Madame Albert. Louison, venez, que je vous fasse faire connaissance.

Le franc-tireur ne bougeait pas.

— Ah ! ça ! dit Céline, c'est vous qu'on appelle...

Il était à peine sorti que des coups de crosse de fusil ébranlaient la porte de la rue ; en même temps, des voix criaient de dehors.

— Ouvrez, ou nous enfonçons !

— François, demanda Céline, le pantalon et la casquette sont-ils entièrement brûlés ?

— Il n'en reste pas ça, dit François en faisant claquer l'ongle de son pouce sur ses dents.

— Bien, ils peuvent venir, ouvrez la porte.

Les coups de crosse tombaient dru sur les pauvres planches qui n'en pouvaient mais.

— Ne tapez pas si fort, dit François en ouvrant la porte.

Mais il fut presque renversé par une avalanche de casques pointus, qui se précipita dans la cour en criant :

— Franc-tireur, capout ! franc-tireur, capout ! tous capout !

En quelques minutes, ils eurent tout culbuté de la cave au grenier.

Cependant, une espèce d'officier qui semblait commander ces vautours, était resté debout au milieu de la cour et surveillait les évolutions de ses hommes.

Céline s'avançant vers lui :

— Monsieur, lui dit-elle, je ne comprends pas que vous respectiez si peu le drapeau de la convention de Genève qui flotte sur ce toit. Ma maison est une ambulance, elle devrait être sauvegardée.

— Pas ambulance seulement, dit le germain, caserne aussi.

— Comment caserne ? j'ai recueilli ici ma cousine Madame Albert Lefort, dont vous avez emmené le mari prisonnier, après avoir pillé et brûlé sa ferme. Elle est ici avec ses deux petites filles et sa servante. En fait d'homme, en dehors de mes quatre blessés, je n'ai que ce vieillard. Je ne vois pas où vous pouvez trouver une caserne.

— Si, caché franc-tireur ; si on trouve, fusille tout.

Céline eut le courage de ne pas montrer la moindre émotion.

En effet, on chercha partout, on retourna jusqu'aux literies des blessés, on enleva même les appareils de leurs blessures pour s'assurer qu'elles n'étaient feintes, ni récentes ; toutes les recherches furent vaines.

Le pauvre garçon fut vingt fois sur le point de se trahir, et si les Prussiens avaient eu l'idée de le questionner, ils n'eussent pas été longtemps à reconnaître la supercherie ; mais il avait été si bien déguisé par Céline, qu'il était impossible de concevoir des soupçons. Ensuite la vue des uniformes allemands avaient mis madame Albert dans un tel état d'agitation nerveuse, qu'il avait un prétexte plausible de ne pas la quitter. Aussi ne fit-on aucune attention à lui, on se borna à visiter les meubles, les lits, à sonder les murs et les plafonds ; enfin, de guerre lasse, les Allemands s'éloignèrent, non sans avoir emporté tout ce qu'ils avaient pu faire disparaître dans leurs poches.

Quand ils eurent passé la porte, et que François eut poussé le verrou, notre pauvre garçon ne sait comment témoigner sa joie aux bonnes dames qui lui ont sauvé la vie, et ses démonstrations sont si brusques que tout-à-coup bonnet et chignon tombent à terre.

— Prenez garde, lui dit-on en riant, ils peuvent revenir.

Aussitôt, la toilette recommence. On avait à peine fini que la maison était pleine d'Allemands, cette fois, ils étaient entrés par le jardin et avaient pu pénétrer sans bruit. Ils

comptaient surprendre le fugitif, qui, aussitôt eur départ
avait dû, d'après leurs calculs, sortir de sa cachette. Leurs
recherches n'eurent pas plus de résultat que la première fois,
grâce à la prudence de Céline, et ils s'en allèrent pour ne
plus revenir.

En sortant, l'un d'eux dit à François :

— C'est étonnant, car bien certainement il est ici, le borgne l'a vu entrer, et le borgne ne se trompe jamais.

François se hâta de rapporter ce propos à sa maîtresse : on
s'épuisa en conjectures sur ce que pouvait être le borgne,
mais rien ne put le faire deviner.

Deux jours après, le jeune franc-tireur, toujours habillé
en fille, était conduit chez des personnes amies qui l'aidè-
rent à regagner les environs de Saint-Pol où habitait sa famille.

LA CHAUMIÈRE DU CHAN AUX ŒUFS.

Un bruit sinistre a parcouru la France : Paris a capitulé ;
Paris, notre dernier espoir, s'est rendu !

Cette nouvelle produisit partout un profond sentiment de
douleur et d'humiliation, c'était la défaite suprême, la
France était vaincue, elle devait s'incliner devant un maître
et subir ses volontés.

Cependant il faut bien le dire, si quelques-uns demandè-
rent la lutte à outrance, ce ne furent que des exaltés, ou les
populations que l'éloignement du théâtre de la lutte avait
préservées des souffrances et des horreurs de la guerre. Les
autres, au contraire, et spécialement les habitants du Nord,

accueillirent avec résignation la nouvelle d'un armistice,
qui devait amener avec la paix la fin de leurs maux.

Du reste, dans la situation où se trouvait la France, vouloir prolonger la lutte pouvait être une généreuse folie, mais
c'eût été vouloir la ruine complète et la destruction de notre
malheureux pays.

L'Artois et le Nord furent peut-être les deux provinces qui
accueillirent sans réserve l'espérance de la paix ; c'étaient
eux, en effet, qui étaient le plus immédiatement menacés,
et sans l'expédition dont l'issue fut si malheureuse de l'armée de Bourbaki sur Belfort, expédition qui força Manteuffel à se diriger sur la Franche-Comté avec 50.000 hommes,
notre beau pays n'aurait certainement pas échappé au malheur de l'occupation ennemie.

L'Artois, cependant, n'en avait pas été préservé tout entier ; un quart environ avait subi le sort des départements
envahis.

Nous avons vu que les villages où se sont passés les événements que nous racontons, furent de ce nombre, et nous
avons dit une partie des maux qu'ils avaient soufferts ; mais
à partir de l'armistice, la position devint beaucoup moins
cruelle, les réquisitions ne se firent plus qu'exceptionnelle-
ment, les Allemands se montrèrent moins farouches.

Un soir, c'était le 27 février, Céline et ses hôtes étaient
réunis dans la salle commune, quand on entendit frapper à
la grand'porte.

François se hâta d'aller reconnaître le visiteur attardé ; en
ouvrant, il aperçut deux soldats prussiens portant un homme à demi mort :

— Voici, dit l'un d'eux, un blessé que nous avons trouvé
à vingt pas d'ici.

Céline les fit entrer aussitôt, leur indiqua un des lits qui
étaient inoccupés et y fit déposer l'inconnu.

Il avait la tête entourée d'un mauvais mouchoir qui lui
cachait la moitié du visage, l'autre partie était couverte
d'une épaisse couche de sang qui lui collait les cheveux et

la barbe. Ses vêtements ne consistaient qu'en un pantalon de treillis maculé de sang et de boue, et une chemise en lambeaux qui laissait voir au milieu de la poitrine un large trou béant d'où le sang s'échappait à flots.

Pendant que François était allé en toute hâte prévenir le médecin, Céline se mit à procéder au premier pansement. Elle commença par placer sur la plaie de la poitrine un gros tampon de charpie; puis, elle se mit en devoir de laver le sang qui couvrait la tête.

Elle fut un certain temps avant de pouvoir enlever la croûte épaisse et durcie qui s'y était formée. Peu à peu cependant le sang disparaissait, et à mesure qu'elle avançait dans sa tâche, les traits de l'inconnu se dessinaient de plus en plus nettement.

Tout à coup, elle pâlit, et s'arrête...

— Mon Dieu ! se dit-elle, lui !... oh ! non ! c'est une erreur .

Elle reprend son éponge, mais sa main tremble.

Enfin un cri s'échappe de sa poitrine : « André ! »

Et elle s'appuie à un meuble. Tous ses membres fléchissent, elle se sent défaillir, et cependant son œil ne peut se détacher de ce visage défiguré...

Après un moment de silence : « André !!! dit-elle de nouveau, malheureux !!!... Oh ! mon Dieu, donnez-moi la force de faire mon devoir, la grâce d'apaiser les orages de colère et de vengeance qui grondent dans mon âme... »

A ce moment, elle entend le pas de son domestique qui rentre, elle court à lui, et, fermant la porte de la chambre après avoir franchi le seuil :

— François, dit-elle, ses blessures sont affreuses. Je ne veux pas que ma cousine les voie. Jusqu'à l'arrivée du médecin, ne laissez entrer personne.

En disant ces mots, elle est haletante, elle suffoque...

— Madame, reprend François, vous non plus, vous ne devez plus le voir ; vous êtes trop émue, cela vous fait mal.

— Oh ! mon pauvre François, si vous saviez !...

En disant ces mots elle éclate en sanglots.

Le pauvre charretier comprend que le blessé ne doit pas être un inconnu pour elle.

— Mon Dieu, madame, c'est M. Albert Lefort, peut-être ?

— Non, François, dit Céline, je voulais le cacher à tout le monde ; mais il faudra bien que vous sachiez la vérité. Jurez-moi que vous ne me trahirez pas ; jurez-moi que vous vous tairez, et que vous ferez tout ce que je vous demanderai.

— Vous savez bien, madame, que je n'ai pas d'autre volonté que la vôtre.

— Jurez, je le veux.

— Eh bien ! je le jure.

— Entrez alors, dit Céline, c'est André !

François fit un mouvement pour reculer ; puis, se ravisant :

— J'ai juré, je tiendrai mon serment.

Il contemple longuement le visage du malheureux étendu sous ses yeux, et privé de connaissance. Bientôt, il fronce le sourcil.

— Depuis quand porte-t-il toute sa barbe ? se dit-il.

Dénouant alors sa cravate de soie noire :

— Il faut que je voie, ajoute-t-il.

Et, la plaçant sur le visage d'André de manière à lui couvrir l'œil droit et une partie de la joue, il s'écrie :

— C'est le borgne ! je m'en étais toujours douté.

— Le misérable ! dit Céline ; moi, aussi, je le craignais, mais je ne voulais pas le croire. Mon Dieu, donnez-moi la force... C'est mon frère. Quelque coupable qu'il soit, je dois le sauver... François, allez me cherchez des ciseaux ; que je coupe cette barbe qui le ferait reconnaître.

Elle avait à peine terminé, que le docteur entrait.

Après avoir regardé un instant le blessé, il lava la plaie de la poitrine, la sonda, et y fit un premier pansement, en disant à voix basse :

— S'il ne meurt de celle-là, c'est qu'il a l'âme chevillée corps. Voyons la tête maintenant.

Après avoir coupé les cheveux, et lavé les plaies :

— Ici, dit-il, le cuir chevelu seul est attaqué, les coups ont glissé sur le crâne, nous allons recoudre tout cela, et il n'y paraîtra plus.

Quand il eut terminé :

— Qu'est-ce que c'est que cet individu ? dit-il à Céline.

— Deux soldats allemands l'ont apporté en disant l'avoir trouvé près d'ici.

— C'est un Prussien sans doute.

— Je ne le crois pas ; il aurait un uniforme.

— Enfin, quand il parlera, s'il parle jamais, on le lui demandera, dit le médecin en s'en-allant.

Après deux jours passés sans connaissance, André ouvrit les yeux ; il paraissait reconnaître les objets qui l'entouraient, entendre ce que l'on disait, mais il ne parlait pas, il avait l'air hébété. Céline et François entraient seuls dans sa chambre, afin de ne mettre personne dans la confidence. Mais le docteur qui n'avait aucune raison de se taire, avait parlé, le pays était très occupé de ce mystère. Mille bruits, mille versions circulaient ; on avait prononcé le nom d'espion, et n'était le respect qu'on avait pour la sainte femme, qui depuis longtemps se dévouait au soulagement de toutes les infortunes, on aurait déjà cherché à lui dérober son secret. Il était donc nécessaire de prendre un parti.

Céline n'hésita point ; elle eut un long entretien avec François, et, la nuit suivante, vers onze heures, une carriole entrait dans la cour, dont la porte s'était ouverte comme d'elle-même. André y était déposé ; et un instant après, la voiture prenait la direction d'Hesdin.

Le lendemain, Céline, appelant sa cousine :

— Marie, lui dit-elle, j'ai encore un service à vous demander.

— Ma chère Céline, vous savez bien que je suis trop heureuse de vous rendre une partie du bien que vous m'avez fait. Que désirez-vous ?

— Je suis forcée d'entreprendre un voyage ; pendant mon

absence, qui sera peut-être longue, je vous confie mes blessés. Voulez-vous vous en charger?

— Certainement,

— Vous serez maîtresse ici, vous ferez tout pour le mieux. Adieu.

— Comment! vous partez si vite!...

— Oui, Marie. Pardonnez-moi si je vous fais un secret du but comme du motif de mon voyage, il est des choses qu'on ne dit qu'à Dieu.

Une voiture était devant la porte. Céline y monta et disparut. Le soir, elle arrivait à Hesdin, où elle retrouvait François et André.

Celui-ci avait assez bien supporté la route, ils purent donc reprendre leur voyage le lendemain matin, et, deux jours après, ils arrivaient à Boulogne. Ils y laissèrent reposer un peu leur malade; puis ils continuèrent leur route dans la direction du cap Gris-Nez.

Après avoir quitté les riches plaines de l'Artois et de la Picardie, quand on arrive sur les bords de la mer, on est frappé de l'aspect morne et désolé des campagnes. Les plantes qui végètent péniblement dans un sol déjà pauvre par sa nature, sont encore continuellement brûlées par les violents ouragans de la Manche. Après avoir dépassé Boulogne, nos voyageurs parcoururent pendant une ou deux lieues une plaine, cultivée il est vrai, mais dont les produits maigres et chétifs font peine à voir. Le temps était sombre, le vent violent du large leur apportait les âpres senteurs de la mer, que l'on côtoie pendant toute la route.

Céline contemplait les flots irrités, les vagues qui venaient déferler sur la grève avec un sourd mugissement; elle les comparait à sa vie, également tourmentée; et l'horizon, chargé de nuages d'un teint livide, lui représentait l'avenir si sombre pour elle...

Après avoir traversé le village de Vimereux, la route s'engage dans les dunes, immenses plaines de sable, qui représentent assez bien une mer dont les vagues furieuses auraient été subitement gelées. Ces sables, complétement improductifs, ont un aspect tout particulier de mélancolie et de pauvreté.

Nos voyageurs traversèrent sans s'y arrêter le petit village d'Ambleteuse, pittoresquement groupé sur le bord d'une petite baie, où pendant l'été un certain nombre de familles étrangères viennent prendre des bains, mais surtout respirer l'air salubre et fortifiant de la mer, et y jouir en même temps du calme et de la liberté de la campagne.

En continuant à avancer vers le cap du Gris-Nez, l'aspect de la côte change complétement ; la plage, si unie et si large, de Boulogne à Ambleuteuse, se resserre ensuite peu à peu. Bientôt se dressent les falaises à pic, les rochers remplacent le sable et s'avancent jusque dans la mer qui, en cet endroit, est toujours houleuse et souvent terrible. Côte dangereuse et justement redoutée des marins, tous les ans elle est le théâtre de nombreux naufrages. Plus on s'avance vers la pointe, plus la roche est abrupte, bientôt son pied plonge dans l'eau, même aux marées les plus basses ; toute embarcation qui y est jetée est perdue sans ressource.

A l'endroit où finit la plage, on trouve une toute petite vallée que les eaux ont creusée, elle se nomme dans le pays le Cran-aux-Œufs. A mer basse, on y voit encore une petite grève de quelques mètres de largeur, entourée de toutes parts de roches éboulées qui font penser au chaos. Au dessus de cette crique, tout en haut de la falaise, un petit hameau dépendant de la commune d'Audinghem se cache dans un pli de terrain ; il se compose de sept à huit maisons occupées par des douaniers, ou par quelques pauvres pêcheurs de grève.

Céline y possédait une chaumière, héritage d'un parent éloigné ; c'est là qu'elle voulait cacher son frère à tous les regards indiscrets.

Bientôt, grâce à son activité et au dévouement de François, elle put y réunir tous les objets indispensables.

André parut d'abord très fatigué de la route ; mais, au

bout de quelques jours, le calme absolu dans lequel il se trouvait, l'air sain et vivifiant de la mer, joints aux soins si doux et si intelligents de sa sœur, tout cela lui fit éprouver une amélioration sensible, ses plaies étaient moins enflammées, la fièvre moins violente, l'agitation moins grande. Il avait de longs moments de sommeil, et pouvait faire quelques petits mouvements. Mais ce qui paraissait incompréhensible à Céline, c'est qu'il était toujours muet, quand elle lui parlait, il la regardait d'un air idiot, et ne répondait point ; cependant, en plusieurs circonstances, elle avait eu la preuve qu'il l'avait comprise.

Bien qu'au moment de son départ elle eût voulu cacher à sa famille le lieu de sa retraite, plus tard la nécessité d'avoir des informations l'avait forcée à la faire connaître Dix jours environ après son arrivée au Cran-aux-Œufs, elle reçut de Marie une lettre qui la plongea dans la plus grande perplexité :

« Ma chère cousine, je suis bien heureuse, je viens de recevoir des nouvelles d'Albert ; il se porte bien et va revenir.

» Il m'écrit qu'il est à Darmstatd ; il a cruellement souffert pendant le voyage, mais depuis qu'il est arrivé dans cette ville, il n'y est pas trop malheureux. Il me charge de vous dire que l'officier allemand qui lui a annoncé sa prochaine mise en liberté, a ajouté qu'il la devait aux instantes démarches de la personne qui dirige l'ambulance de Guinchamps.

» Il sera donc dit que je vous devrai tous les genres de reconnaissance. C'est encore à vous que je devrai de revoir mon mari ! merci, ma chère Céline, ma bonne Céline, merci mille et mille fois merci !… je ne pourrai jamais le dire assez.

» Et voilà cependant que je suis obligée d'ajouter encore une épine à votre couronne de douleurs, une angoisse à vos angoisses, et cependant il faut que vous sachiez la vérité ; il le faut.

» Dès les premiers jours qui ont suivi votre départ, on a

murmuré tout bas que le blessé que vous avez emmené
n'était autre qu'André ; plus tard, on a ajouté que le borgne,
ce féroce ahuan qu'on soupçonnait d'être un traître, que le
borgne et André c'était le même homme ; j'ai tâché de per-
suader le contraire.

» J'aime encore à croire que si réellement c'est André que
vous soignez là-bas sur votre rocher, au moins il n'y a rien
de commun avec le borgne ; mais je ne puis parvenir à
dissuader des esprits prévenus. Si tous les habitants de
Guînchamp et des environs n'étaient retenus par une affection sincère et un profond respect pour vous, depuis longtemps on l'aurait dénoncé ; mais les esprits sont surexcités,
on ne parle plus que de cela ; on sait, je ne sais par qui,
mais on sait où vous êtes, et, nécessairement, un jour ou
l'autre, la justice en sera informée.

» Je tremble pour vous. J'ai bien hésité à vous écrire ces
tristes choses, mais j'ai pensé qu'il eût été trop cruel de
vous laisser surprendre.

» Pardonnez-moi le mal que je vous fais, et ne voyez
dans cette démarche que le désir sincère de vous prouver
mon affection et ma reconnaissance. »

Céline laissa tomber la lettre. Elle contempla André un
instant, puis s'écria : « Non, mon Dieu, vous ne voulez pas
que je l'abandonne, non, il faut que je le sauve quand même !
Mais, donnez-moi votre force, mon Dieu, les miennes s'épui-
sent...

Alors elle se lève, et va trouver François.

— Mon pauvre ami, il faut que vous me trouviez un bon
matelot, pouvant disposer d'une barque pour faire passer
deux personnes en Angleterre.

— Mais, madame, vous exposer ainsi, dans une barque,
sur cette mer qui est toujours si furieuse !... Quand je vois
passer les bateaux, je me demande toujours comment un
homme ose se risquer là-dessus ; et vous, une femme, dans
une mauvaise embarcation !... Si vous ne périssez pas par la
mer vous mourrez de peur.

— Ce n'est pas sans une réelle terreur que je m'embar-
querai, mais c'est mon devoir, je le ferai.

— Madame, c'est pour votre frère... je sais bien qu'il est
votre frère ; mais, enfin, vaut-il tout le mal que vous prenez
pour lui ? Il vous a fait tant souffrir...

— François, ne me parlez pas de cela ; je dois partir je
partirai.

Le vieux serviteur, après avoir essayé encore longtemps
de lutter contre les décisions de sa maîtresse, fut obligé de
finir par céder à ses désirs. Deux jours après, il entrait dans
la chaumière suivi d'un vieux marin.

— Madame, voici un homme qui se charge de votre affaire. Entrez, père Mathieu.

— Vous pourriez, demanda Madame Lefort au vieux loup
de mer, vous pourriez faire passer deux personnes en Angleterre ?

— Trois, dit François, croyez-vous que je vais rester ici ?

— Vous m'avez dit que vous n'oseriez pas vous embar-
quer.

— Tout seul, non ; mais avec vous c'est différent.

— Merci, mon vieil ami.

Et, se tournant vers le pêcheur.

— Il y aura trois personnes à faire passer.

— Damé, répondit-il, c'est un métier dangereux. Cela
dépendra du prix.

— Faites-le vous-même.

— Cent francs ; est-ce trop ?

— Va pour cent francs, et si nous abordons sains et saufs,
je vous donnerai le double.

— Avec des personnes comme vous, dit le père Mathieu
en mettant sa pipe dans la poche de sa veste, c'est plaisir de
naviguer, il n'y a qu'à larguer la toile en grand. Mais vous
m'avez parlé de trois, ajouta-t-il en tournant entre ses doits
son chapeau de toile goudronné, je ne vois que deux personnes ici.

— Et celui-là dit Céline, en ouvrant les rideaux du lit.

— Tiens ! y avait un chrétien à l'entrepont ! je l'avais pas vu... C'est pas un malfaiteur toujours ?

— Vous voyez bien que c'est un pauvre idiot, et qui est bien malade.

— Il a l'air diantrement à fond de cale ; y a pas besoin d'avoir les yeux ouverts comme des écubiers pour s'en apercevoir.

— Quand pourriez-vous nous prendre ?

— Ça dépend. Embarquez-vous le jour ou la nuit ?

— La nuit.

— Ah ! Diable ! c'est que...

— Ne pouvez-vous pas nous prendre aussi bien la nuit que le jour ?

— Oui, mais la nuit, c'est plus cher. Diable ! sur cette satanée côte, on risque gros, vous ne savez pas les courants et les écueils qu'il y a, vous autres. Tenez, ça mérite 200 fr. d'abord.

— Soit, mais convenons de tout.

Le vieux matelot, calculant alors, à demi-voix; « nous sommes au dixième jour de lune, la mer est pleine à huit heures, on pourrait venir avec le flot, et nous aurions le jusant pour déraper. »

Puis, à haute voix :

— Après-demain, à neuf heures du soir, ça vous va-t-il ?

— Parfaitement.

— Alors, faisons nos conventions. A huit heures et demie, j'embosserai à trois encablures au large ; vous me reconnaîtrez à ce que j'amènerai ma misaine, mais je laisserai mon foc au vent. Pour lors, vous vous affalerez sur la grève, vous prendrez un fallot, vous l'allumerez, et laisserez brûler une demi minute. Vous ferez cela trois fois, quand je verrai ça de mon bord, je larguerai l'embarcation à la côte, vous vous hâlerez dedans, et si le vent n'a pas viré de bord, trois heures après vous serez en Angleterre.

La journée du lendemain se passa sans aucun incident nouveau ; le jour suivant, qui était fixé pour le départ, Céline se hâtait de tout préparer pour sa fuite quand, vers le soir, deux gendarmes apparurent sur le seuil de la porte.

La pauvre femme se sentit froid au cœur.

— C'est ici que demeure Madame veuve Lefort? dit l'un d'eux.

— Oui, messieurs.

— Est-ce vous, madame.

— Oui.

— Vous avez ici un homme malade, nommé André Thévenot?

— Oui, dit Céline d'une voix mourante.

— Nous avons l'ordre, madame de nous assurer de cet homme.

— Grâce, messieurs ! pitié ! il est blessé, mourant, idiot ! Quel mal pourrait-il encore faire ?

— Madame, nous sommes désolés de vous faire de la peine, mais nous devons obéir aux ordres qui nous sont donnés.

— Tenez, reprend Céline, en les conduisant près du lit, voyez si vous pouvez arrêter un homme en cet état.

Les gendarmes s'approchèrent.

— Le fait est, dit l'un d'eux, qu'il n'est dangereux pour le moment ; il n'y a même pas de risques qu'il se sauve.

André, en apercevant les gendarmes, eut un tressaillement ; puis, il reprit son air hébété sans donner aucun signe d'intelligence.

— Messieurs, dit enfin Céline déplorée, vous avez seulement l'ordre de vous assurer de sa personne, vous voyez qu'il ne peut fuir, laissez-le ici jusqu'à demain ; dans son état, le faire voyager la nuit serait trop cruel.

Les deux militaires se consultèrent des yeux ; enfin, le plus âgé reprenant la parole :

— Madame, dit-il, nous avons l'ordre d'user envers vous de tous les ménagements possibles, il me semble que nous pouvons vous accorder la petite satisfaction que vous nous demandez, nous reviendrons demain.

Madame Lefort remercia Dieu du fond de son cœur ; son

âme était si profondément bonne que toute pensée de haine avait complétement disparu. Elle voulait sauver André, elle le voulait sincèrement, elle le voulait surtout pour l'amener au repentir.

Elle attendit la nuit avec une impatience facile à comprendre : « Puisque Dieu, dit-elle, m'accorde ces quelques heures, ne les laissons pas perdre. » A huit heures François descend sur la grève.

On voyait un bateau pêcheur louvoyer au large. « C'est le père Mathieu, » se dit-il ; et il se hâta de remonter porter à Céline cette bonne nouvelle.

A huit heures et demie, elle envoie de nouveau François s'assurer que le bateau est à l'ancre, et qu'il a fait le signal convenu. Quelques instants après, il rentrait :

— Madame, tout est perdu, la côte est gardée, on m'a empêché de descendre, les deux gendarmes sont là accompagnés de cinq ou six douaniers. Impossible de leur échapper.

— Dieu ne le voulait pas ! dit Céline. Allez vous reposer, François, je veillerai cette nuit... c'est la dernière !...

Et elle se laisse tomber sur une chaise près du lit. Tout est fini, elle ne peut plus lutter, elle a tenté l'impossible, et, au moment de réussir, le dernier, le seul moyen de salut, lui échappe.

Pendant qu'elle est plongée dans ses réflexions, sa lampe s'est éteinte.

Se laissant aller au cours de ses pensées, elle se rappelle les jours de son enfance où elle jouait avec son frère dans la prairie émaillée de fleurs ; tous les beaux jours de sa première jeunesse se représentent à sa mémoire ; ces mille petits détails, ces mille petits riens qui, à cette époque, l'avaient comblée de bonheur, passent comme de riants reflets de son premier âge, et, dans ces souvenirs enchanteurs, son frère lui apparaît toujours comme le compagnon de ses joies. Oh ! il était bon, alors ; le démon de l'or ne l'avait pas encore tenté. Pauvre frère ! Et aujourd'hui !...

Alors, comme une sombre vision, se déroulaient tous ses

malheurs, tous les crimes d'André semblaient passer devant ses yeux comme un lugubre cortége. L'avarice avait corrompu son cœur : comme un chancre rongeur, elle avait dévoré toutes les bonnes qualités. Elle le voyait jaloux, haineux, cherchant par les moyens les plus criminels et les plus infâmes à se procurer un peu de cet or qui faisait sa passion. Ses mains étaient teintes du sang innocent, ses pieds foulaient les cadavres de ses frères. Sur son front était écrit : Caïn !

— Mon Dieu, s'écria-t-elle enfin, grâce pour lui ! grâce, mon Dieu, accordez-lui le repentir, et je supporterai avec résignation, avec joie, toutes les douleurs dont il vous plaira de m'accabler encore. Il est coupable, mais c'est mon frère. Pardonnez-lui !

Plusieurs heures s'étaient écoulées dans ces réflexions et ces prières.

Minuit venait de sonner au milieu du calme et du silence solennel de la nature, interrompu seulement par le bruit sourd et imposant de la vague venant se briser sur la falaise. André commença à s'agiter ; Céline l'entendit même prononcer quelques paroles inarticulées.

Tout à coup, le misérable se lève sur son séant :

— Où suis-je ? s'écria-t-il, où suis-je ?... Oh ! oui, à la descente du bois de Montvert... ah !... la fosse est faite, ils y passeront tous, ils sont tous morts... j'ai peur, je tremble... Ce n'est pas moi. Les gendarmes... les juges... vous êtes tous des menteurs ! ce n'est pas moi !... Acquitté ! La ferme des Rosiers est à moi... après Céline... Mais bast !... damnation ! elle a tout rendu !... C'est égal, je suis riche, l'héritage du vieux... A sa place j'aurais tout gardé. Fournisseur de l'armée... ma fortune est faite, je suis riche !... On dit qu'il y a une justice, un Dieu... ah ! ah ! quelle bêtise ! La justice, c'est l'or, et j'en ai... oui j'en ai de l'or et j'en aurai encore plus... Le général prussien... pitié ! grâce ! oh ! la schlague ! la fusillade !... encore les bois, c'est le bois de Montvert, non, c'est un autre bois... Les Français, ce brigand d'officier qui sait l'allemand !... espion, fusillé par derrière... garrotté... les balles sifflent... Laissez-moi, laissez-moi, je ne veux pas mourir !... Ha !... ma corde est coupée... Espion, oui, mon général, je déteste les Français, voulez-vous me payer ?... mais il me faut de l'or, beaucoup d'or... j'en pourrai prendre autant que je voudrai, alors marché conclu... Le Borgne ! les imbéciles ne me reconnaissent pas... La ferme des Rosiers ! elle n'est pas à moi, elle ne sera à personne, elle brûle, je la vois... c'est moi qui ai tiré... Albert est battu, emmené prisonnier... et moi, je suis riche, tout le monde tremble devant moi... voilà la justice ! Ah ! les brigands ! ils m'ont tué, ils m'ont tout volé... s'il y avait un Dieu est-ce que tout cela serait possible ?... mais où suis-je ?... il fait noir, j'ai peur... j'ai froid... j'ai soif...

Céline, pendant cette espèce de délire, était restée muette. Bien des choses avaient été jusque-là inexplicables pour elle, mais elle venait d'entendre de la bouche même du coupable l'aveu de tous les crimes dont elle le soupçonnait. L'effroi l'empêchait de parler, elle avait peur, elle aussi.

Voilà qu'au milieu de la nuit profonde un rayon de la lune, cachée jusque-là par les nuages, vient subitement traverser la petite fenêtre de la chambre, et ce rayon, laissant tout le reste dans l'obscurité la plus complète, vient frapper le visage pâle de l'infortunée sœur d'André, et sa lumière blafarde lui communiquait une teinte plus pâle encore, lui donne l'aspect d'un fantôme, d'une vision.

Le regard d'André, attiré par la lumière, se porte vers elle. Il pousse un cri d'effroi.

— Malheureux ! s'écrie-t-il, la justice, la voilà ! voilà ma victime... elle vient me faire expier mes crimes... c'est donc vrai !... il y a donc une justice !... il y a donc un Dieu !... Grâce ! grâce !...

Un moment de silence solennel, terrible, suivit ces cris arrachés à sa conscience bourrelée de remords.

Céline priait ; puis, de sa voix la plus douce :

— Oui, André, dit-elle, il y a un Dieu, et ce Dieu est descendu sur la terre pour pardonner aux pécheurs repentants.

— Pardonner ! à moi ! jamais !

— André, te rappelles-tu notre première enfance ? comme tu étais bon ! comme tu étais heureux !

— Oui, j'ai été bon, j'ai été heureux, mais maintenant je suis perdu ! je suis un Caïn, un Judas, un réprouvé !

— André, il y a trois semaines que je te soigne. Depuis ce temps, je n'ai pas passé une heure, sans demander à Dieu pour toi le repentir. Il en est encore temps.

— Il est trop tard. Je suis un réprouvé, je suis maudit de Dieu et des hommes ! je vais mourir ; ou, si je vis, je serai fusillé.

— André, demande pardon à Dieu, dis seulement que tu te repens...

— Il est trop tard.

— Non, mon frère, non.

— C'est fini je suis damné.

— André, tout-à-l'heure tu t'es écrié: Grâce ! grâce ! Eh bien ! moi aussi, je te demande une grâce ; je te supplie de me donner cette suprême consolation de t'entendre demander pardon à Dieu.

— Malheureuse, tu ne sais donc pas que c'est moi qui...

— Je sais tout, et, encore une fois, accorde-moi ce que je te demande. Vois ; je suis à genoux ; près de toi, je te prie, je te supplie. André ! mon frère ne repousse pas ta sœur.

A ces derniers mots, le malheureux laissa couler une larme le long de sa joue : il était vaincu ;

— Non seulement, dit-il, c'est donc vrai qu'il y a un Dieu, et une justice, mais il y a aussi des anges, même sur cette terre !

— Non, je ne suis pas un ange; je ne suis qu'une chrétienne qui obéis à la loi de ce Dieu qui nous jugera tous deux, et qui n'attend que ton repentir pour te pardonner.

— Me pardonner ! à moi ! Est-ce possible !

— Oui ! si tu le veux.

— Non... Dieu ne peut pas.

— Dieu ne peut pas ! Je l'ai bien pu, moi, aidée de sa grâce !

— Céline, l'infamie m'accable, je n'ose pas...

— Tu as donc regret de ce que tu as fait !

— Des regrets ! Ah ! si je pouvais, en donnant tout mon sang, expier mes crimes !...

— Merci, mon Dieu ! vous avez déjà mis le repentir dans son âme...

— Mais toi, ma sœur, pourras-tu jamais me pardonner ?

— André, je te jure, en ce moment solennel, que depuis le jour où l'on t'a apporté mourant, Dieu m'a donné la force de tout oublier, pour ne plus me souvenir que d'une seule chose : que mon devoir est de te sauver. Accorde-moi ma seule, ma dernière prière, laisse-moi appeler un prêtre.

— Un prêtre ! Oh ! oui, si je les avais écouté, les prêtres, je ne serais pas où je suis... Un prêtre !... oui, va le chercher, mais va vite, car je sens que je n'ai plus longtemps à vivre...

Quelques instants après, François partait en toute hâte pour le village voisin. Vers trois heures du matin, le prêtre entra ; il resta près d'une heure enfermé avec André.

Quand on le vit sortir, il était profondément ému...

Une heure après, il apportait au mourant les dernières consolations.

Celui-ci, après l'avoir remercié, implora de nouveau le pardon de sa sœur, et remercia François ; puis, vaincu par la fatigue, il s'assoupit.

. . . .

A neuf heures, les gendarmes se présentèrent pour emmener leur prisonnier.

Céline, en sanglotant, tira les rideaux du lit.

André était mort.

Typ. J. Devey, Saint-Omer.